疯狂博物馆——

逃离火山眼

陈博君　陈卉缘/著

ZHEJIANG UNIVERSITY PRESS
浙江大学出版社

目 录

引子 又挨了一顿批

今天是礼拜五，大家都很期待的周末又要到来了。但卡拉塔更关心的是，在外培训一周的新班主任李老师，今天终于要回来了，这样他就可以搞清楚，这个新班主任为啥要给妈妈打那个莫名其妙的告状电话了。

最后一节自习课的时候，班长林蒙蒙果然悄悄走到卡拉塔身边，说："卡拉塔，李老师找你。"

"哦，李老师有说是什么事吗？"卡拉塔明知故问道，其实他的心里早已猜到了，班主任找他，肯定是要说作业本的事情。

"没说，不过看她的脸色，应该不会是什么好事。"林蒙蒙皱了

皱眉头，回到了自己的座位上。

好吧！卡拉塔深吸了一口气，正准备起身，同桌夏晓南忽然凑了过来，狡黠地眨了眨眼睛："别紧张，卡拉塔，不是你的问题！"

"嗯？看来你一定知道什么内幕，快告诉我！"卡拉塔急了。

夏晓南赶紧用手指挡在嘴唇上："嘘——，你小点声！前几天，我看到唐宇在捣鼓大家的数学作业本，就知道不对劲。不过……"见卡拉塔很感兴趣，他又故弄玄虚地打住了。

"快说呀，我还要去李老师办公室呢！"卡拉塔可没闲工夫让他在这里吊胃口。

"好好好，我说。"夏晓南贼头贼脑地四下张望了一通，压低声音道，"前天啊，他爸妈吵架吵得可凶了，他有心思写作业才奇怪呢！"

"人家家里吵架，你又怎么知道的？"卡拉塔撇撇嘴。

"真的，我们就住在一个小区，那架都吵得整个小区尽人皆知了！"夏晓南活像个八卦的大婶，一脸笃定地挺起腰板。

"夏晓南，你干吗？不要影响大家自习！"值日课代表站在讲台上，指着夏晓南喊道。

"啊，我……"得意忘形的夏晓南被突然点名，吓得脖子伸出老长，动作滑稽地僵在了那儿。

教室里的同学们顿时都捂着嘴偷笑起来。班长林蒙蒙一回头，见卡拉塔还在教室里，赶紧催促道："卡拉塔，你怎么还在这儿？快去办公室呀！"

走出教室，卡拉塔的心里还是闷闷的，耳边一直回响着夏晓南的话。他不仅没有半点责怪唐宇的想法，反而替他担心起来。唉，如果事实真像夏晓南说的那样，那唐宇也太可怜了！作业本这事可大可小，要是老师又通知家长的话，那唐宇的爸妈肯定免不了又是一通大吵。这对唐宇来说，一定比天塌下来还要难受。

"笃笃笃。"不知不觉间已经来到班主任的办公室门前，卡拉塔举手轻轻敲了敲门。

"进来！"里面传来一个严肃的声音。

卡拉塔推开门，发现办公室里除了李老师，一旁还站着正低着头的唐宇。

"李老师——"不知怎的，明明知道自己并没错，但卡拉塔还是感到一阵莫名的紧张。

"卡拉塔，你过来。"李老师的脸上没有任何表情，这让卡拉塔感到了更大的压力，"知道我为什么叫你来吗？"

卡拉塔一时不知该怎么回答，但他知道言多必失，所以只好默默地摇头。

引子 又挨了一顿批

"全班35个人，却只有34本作业本！"李老师的脸色陡然一变，顺手抄起桌上的一本作业本，重重往下一摔，"你们自己说，这到底是谁的作业本？！"

李老师到底怎么啦？卡拉塔更摸不着头脑了。

"这个学期才开学几天啊！这么新的作业本，姓名这一栏怎么就被画成这样了？嗯？！"李老师声色俱厉地问道。

卡拉塔偷偷地朝那个被摔在桌角的本子瞄了一眼。那，那不正是自己的作业本吗？可是，可是，姓名一栏怎么被涂掉了啊？！莫非？卡拉塔吃惊地转头瞟了一眼身边的唐宇，只见他正咬着下嘴唇，两只手不停地搓着衣角。

顿时，卡拉塔什么都明白了。他的大脑马上飞速运转起来：该怎么做，才能让他俩都顺利脱身呢？

"别以为不吭声，我就拿你们没办法，你们给我等着！"李老师一把抓起那个作业本，余怒未消地走出了办公室。

卡拉塔和唐宇站在那儿，谁也没有开口说话，气氛有些尴尬。不一会儿，李老师就回来了，用手点点卡拉塔说："你可以回教室去了。"

卡拉塔正想走，就听李老师开始数落起了唐宇："你怎么回事情？啊？为什么不写作业，还要把别人的本子画成这样，是想拿来冒充自己的作业吧！"

"老师，这本子上既没我的名字，也没唐宇的名字啊，说不定是别人的恶作剧呢，您怎么能随便下判断呢！"卡拉塔有点看不下去了，忍不住插嘴道。

李老师瞪着眼睛指住卡拉塔，脸都涨红了："我已经让同学们辨认过了，这是你的笔迹，难道还会有错？！"

"老师，那在搞清楚事情之前，您干吗还给我妈打电话啊！"一想起这事，满肚子火气的卡拉塔就忍不住抱怨。

李老师被卡拉塔的态度彻底激怒了，"好！我也不叫家长了，也不打电话了。你们两个回去，把学生手册，还有这个作业各抄十遍，抄完让家长签字，下礼拜一给我！"

卡拉塔还想争辩什么，唐宇赶紧使劲拉他，识趣地往外走。

"卡拉塔……"出了办公室，唐宇怯生生地对卡拉塔说，"刚才，害你也挨骂了，我应该主动承认的，对不起……"

"啊，没事。咱们走吧！"卡拉塔摆摆手，接过作业本就向教室走去。

5

一　瘦死的骆驼比马大

　　放学回到家，卡拉塔的心里还是堵堵的。没想到这位新来的班主任是这么武断的，那以后可就有得苦头吃了。

　　"莫名其妙，真是莫名其妙！"卡拉塔一边嘟哝着，一边把书包往桌上一扔。

　　吧嗒一声，桌上的一个什么东西被书包撞得掉到了地上。

　　卡拉塔一看，竟然是仓鼠标本嘀嘀嗒，不禁瞪着眼睛埋怨道："哎哟！你这个淘气的小坏蛋，怎么跑到书桌上来了啊？"说着，捡起仓鼠标本放回到了书架上。

　　谁知，那仓鼠标本竟举起肉肉的双臂，伸了个大大的懒腰，嘴里还长长地"吁——"了一声。

　　"嘀嘀嗒，你怎么醒了？"卡拉塔有些意外。

　　嘀嘀嗒下巴一沉："还不是你把我叫醒的？"

　　"啊？我？"卡拉塔不耐烦地摆摆手，"刚才我口误了！你先自己玩会儿吧，我心里烦着呢！"

　　嘀嘀嗒挑挑眉毛，蹭到卡拉塔边上："有什么不开心的事情啊？嘿嘿，说出来让我开心一下！"

"你这个讨厌鬼，到底是从哪里蹦出来的？怎么一会儿像小天使，一会儿像小恶魔！"

嘀嘀嗒眼珠一转，勾勾小手指，"要不，我们这就博物馆走一个？"

听了这个提议，卡拉塔顿时把学校的不快丢到了九霄云外："好啊好啊，那，这回咱们去哪里好呢？"

"我看你对海洋啊、古生物啊什么的还蛮感兴趣的，要不这次，我们就去泥盆纪吧。"

一　瘦死的骆驼比马大

"就是那个著名的'鱼类时代'？嗯，不错不错，上次在水里待了那么久，都没有长尾巴，感觉还有点小遗憾呢！"卡拉塔兴致勃勃地拉开小书包，准备把嘀嘀嗒放进去。

"哎，等等！我拒绝！"嘀嘀嗒急得大叫起来，"每次待在你的书包里，都像在坐海盗船，感觉太差了！"

说完，嘀嘀嗒双手抱在胸前，扭过头，一只脚跟贴在地上，脚尖一点一点的，一副不愿配合的样子。

"好好好，我的小神鼠，那你说，你想待在哪里？"急于体验新冒险的卡拉塔，变得格外好商量。

"我要待在你的帽子里！"嘀嘀嗒指着卡拉塔卫衣上那个毛茸茸的帽子说。

"这里？不会更颠吗？"卡拉塔觉得嘀嘀嗒最近简直是越来越傲娇了，"你可想好了哦！"

"嗯，想好了。"嘀嘀嗒望着那顶毛茸茸的帽子，想象着窝在里面温暖舒服的画面，不禁忘形地笑了起来。

"那好，我们走吧！"

周五放学比平时都早，卡拉塔看看时间还宽裕，就不慌不忙地沿着街道，朝自然博物馆慢慢走去。

他之所以走得这么慢，其实还有一个原因，就是怕嘀嘀嗒颠得太难受了。不知从什么时候开始，卡拉塔已经变得非常在乎嘀嘀嗒的感受了。

来到博物馆，卡拉塔熟门熟路地溜进展厅，扭头冲着帽子道："嘿，嘀嘀嗒，我们到啦。"

"哦，这就到啦？嗯——，这一觉睡得好舒服呀。"嘀嘀嗒说着，钻出了卫衣帽子。

"嘻嘻，这回开心了吧？那我们赶紧去泥盆纪吧！"

"不急！不急！"嘀嘀嗒伸了个懒腰，"老规矩，先告诉我你想要变成什么？"

"这个嘛，当然是要变鱼喽！"卡拉塔兴奋地搓着手，"刚才进门的地方，我看到有一条从水里上岸的鱼，我想试试变成那个！"

一 瘦死的骆驼比马大

　　"你是说提塔利克鱼？没问题！"嘀嘀嗒一脸的自信，"那你准备好咯——"

　　"啊！这么快？"一想到即将进入的未知世界，卡拉塔忽然有些忐忑。

"闭眼！走啦！"嘀嘀嗒一声令下，尖利的口哨声随即在耳边响起。

　　咻——，咻——。

　　卡拉塔赶紧闭上眼睛，任由黑暗将自己笼罩起来。熟悉的冰凉感再次袭来，经过上次在寒武纪的历险，他很快就适应了水底的压力，脚底细软的沙子和耳边汩汩的水流声让他感觉特别亲切。

　　"呜哇，这就是泥盆纪了吗？果然比寒武纪热闹了许多。"睁开眼睛，望着周围各种奇形怪状的鱼儿和植物，卡拉塔不禁大声感叹。

嘀嘀嗒在水里开心地画着圈圈："怎么样，怎么样，这次是不是变成你想变的了？"

"不错不错，这就是我想变的样子。"卡拉塔看看嘀嘀嗒，又低头看看自己的模样，满意地呼出一口气。但随即，他又下意识地皱了皱眉，"不过，好像又有点说不上来的感觉。"

"嘿嘿，是因为我们现在既有尾巴，又有四肢吧？"嘀嘀嗒晃晃脑袋。

"好像……也说不太清楚。"卡拉塔抬起前肢，摸了摸头，"咦，我的头上还有个洞唉，这是用来干吗的？"

"别急，过几天你就知道啦。"嘀嘀嗒神秘一笑，"对了，你刚才说的不对劲，到底是怎么回事儿？"

卡拉塔闭上眼睛，仔细体会了一下："嘶——，你有没有觉得，这里的水温温的，不像寒武纪那样冰凉冰凉的？"

"是啊，这是泥盆纪嘛，海底岩浆动荡不安，经常会爆发的。"

"什么？！"卡拉塔被吓了一跳，"你是说，我们来的这个地方，有海底活火山？"

卡拉塔终于发现哪儿不对劲了，这里虽然有很多生机勃勃的鱼类和植物，但是沙地上还有许多像是被烧焦的东西，远处的许多珊瑚也是灰暗惨白的。

嘀嘀嗒却一副见怪不怪的样子："对啊，所以这个时代灭绝的物种特别多，进化成新形态的物种也特别多。"

"那，那我们这是一场死亡之旅吗？"卡拉塔顿时一点安全感都没有了，他结结巴巴地说："你看看咱们提塔利克鱼，没壳没甲的，也不像是能抵抗高温的样子啊！"

"你先别紧张嘛，我们是来体验的，没点刺激的经历多无聊啊，是不是？"嘀嘀嗒神情淡定地享受着脚下细软的沙子。

看来，嘀嘀嗒确实是带自己来找刺激了。卡拉塔狠狠地翻了个白眼："行吧，那我们就在这儿等着火山喷发吧！"

"咳，怕啥？我们现在可是能上岸的提塔利克鱼，海底活火山再怎么喷，都喷不到陆地上哒！"嘀嘀嗒满不在乎地说。

听听嘀嘀嗒的话，似乎有点道理，可是，在这茫茫大海中，到哪里去找陆地呢？而且，提塔利克鱼也只是初步具备了上岸的形态，真的跑到岸上之后，怎么呼吸啊？吃什么呢？会不会被其他生物攻击啊？这些都不得而知呢！

"嘀嘀嗒，你说的陆地在哪里啊？再说，就凭我们这两片爪子不像爪子、脚不像脚的肉鳍，真的能爬上岸去？"卡拉塔举起前肢，满脸狐疑地瞧了又瞧。

"对呀，"嘀嘀嗒天真烂漫地咧开嘴角，"我们这趟来，就是要体验提塔利克鱼上岸的过程！"

一　瘦死的骆驼比马大

"你是说，我们会经历从水里到陆地的过程？我们既可以在水里，又可以在陆地上？"卡拉塔感觉浑身上下的血液都沸腾起来了。之前一直觉得弹涂鱼的这种水陆两栖的能力非常神奇，现在自己也能拥有这样的能力，那太棒啦！

"那我们吃啥呀？呼吸呢，用啥呼吸呀？还有还有，陆地在哪里？我们上去了会不会被恐龙吃掉啊？"既忐忑又兴奋的卡拉塔，噼里啪啦地问个不停，把嘀嘀嗒的脑袋都问大了。他不耐烦地挥挥手，打断了卡拉塔的提问："你放心，泥盆纪还没有恐龙呐，现在陆地上最凶猛的动物，大概就是昆虫啦……"

"那，其他的提塔利克鱼在哪里呀？"卡拉塔开始东张西望。

"你总是这么心急火燎的！心急可吃不了热豆腐。"嘀嘀嗒像个悠闲的长者，眯着眼睛眺望远方，"只有慢慢地寻找，你才能不断发现惊喜。"

卡拉塔可没有这么好的心态："嘁！还惊喜呢，你别再让我遇到惊吓就行了！"

真是怕什么来什么。卡拉塔话音未落，嘀嘀嗒就指着远处一个黑影尖叫起来："你看那边！"

卡拉塔的心被嘀嘀嗒的尖叫"拎"了一下，他回头一看，只见深蓝色的海水中漂来一个锥形的黑影，活像一只被拉长的大甜筒。那黑影一耸一耸地，由远及近，带来了一股强大的水流。

"嘀嘀嗒，你看你看，这个影子多像小尼他们用来防御敌人的鹦鹉螺啊！"卡拉塔失声喊道。

嘀嘀嗒点点头，轻声叹了口气："是啊，尖尖的脑袋，细长的身体，还有八爪鱼一样的触手，这就是直壳鹦鹉螺呢。"

"你干吗叹气啊？"

"唉，他们曾经可是海洋一霸呢。可是你看，现在的直壳鹦鹉螺都退化啦，体积还没有寒武纪的那个一半大！"

两个小家伙躲在巨大的礁石后面，一边议论，一边观望着鹦鹉螺展开触手四处觅食。这时，一只身披黑甲的扁身爬虫正在悄悄向鹦鹉螺靠近。

卡拉塔瞪大了眼睛："嘀嘀嗒，你看，那个像蝎子一样的大虫子，朝鹦鹉螺游过去了！"

"那可不是蝎子，那是板足鲎（hòu）。你快躲进来点，待会儿肯定会有一场恶战！"嘀嘀嗒拉了一把卡拉塔。

那板足鲎的身长虽不及鹦鹉螺的三分之二，但却气势十足地翻卷起尾巴，挥着长在脑袋边的钳子，快速滑动板状的腹肢，气势汹汹地朝鹦鹉螺冲去。

一 瘦死的骆驼比马大

"这个板足鲎真勇敢啊！你看他个子小小的，却敢挑战鹦鹉螺。我站板足鲎这边，他一定能赢！"卡拉塔的眼里充满了敬佩。

嘀嘀嗒见卡拉塔这么有兴致，也来劲了："那我挺鹦鹉螺！你有没有听过一句话，叫作瘦死的骆驼比马大？"

卡拉塔不服气地说："大，是鹦鹉螺大，可你看这只板足鲎，他靠近的方向，并不是鹦鹉螺的触手，而是螺体最窄的一端。"

"你是想说，板足鲎更加聪明？"嘀嘀嗒笑出了声，"哈哈哈，你以为鹦鹉螺能存活这么久，只是因为躯体庞大，他们没有脑子？"

"那你要不要赌一局？输了就无条件帮对方做一件事，还不许问为什么！"卡拉塔顿时上劲了。

"好啊，一言为定！"毕竟是小神鼠，凭借自己的学识，嘀嘀嗒也觉得可以稳操胜券。

于是，两个小家伙躲在礁石后面，继续全神贯注地关注着战况的发展。

只见板足鲎矫健地跳到鹦鹉螺的壳上，用灵活的螯尖试探性地挑衅鹦鹉螺；而敏感的直壳鹦鹉螺则迅速卷起长长的触手，眼看就要缠住板足鲎了，这时，瞅准时机的板足鲎突然迅猛出螯，反手钳住了向自己袭来的那根鹦鹉螺的触手。

"漂亮！"卡拉塔激动地一拍沙地，"你看，我就说，板足鲎更胜一筹吧！"

"你先别得意，这还没分出胜负呢。"嘀嘀嗒不以为然。

被夹痛的鹦鹉螺猛地抽搐起来，所有的触手一瞬间都仿佛遭到电击一般，一通狂乱挥舞，瞬间搅起了巨大的水流，连躲在礁石后面的卡拉塔和嘀嘀嗒都感觉有点站立不稳。

"卡拉塔，千万别松手！"嘀嘀嗒一把拽紧了卡拉塔。

"放心，我抓得紧着呢。"卡拉塔一边抓着礁石，一边嘲笑起来，"哈哈，你看鹦鹉螺那个怂样！你还站他赢呢。"

嘀嘀嗒翻翻白眼："别得意得太早，好戏还在后头呢。"话音刚落，就见鹦鹉螺快速卷起两条弯曲的触手，一条重重劈向板足鲎，另一条则悄悄缠绕过去，这一柔一刚的招数令人猝不及防。没想到那板足鲎反应也贼快，摆着卷尾一个后空翻，就机敏地躲开了鹦鹉螺的攻击。

"哇呜！"这场惊心动魄的打斗，看得卡拉塔连眼皮都不敢眨一下，"嘀嘀嗒，我怎么感觉这只鹦鹉螺完全不是板足鲎的对手啊？"

"哼，鹦鹉螺可不是吃素的。"嘀嘀嗒冷静地分析道，"现在，鹦鹉螺显然已经掌握了板足鲎的方位了，接下来他肯定要出大招了！"

"哦？是吗——"卡拉塔故意拖长了腔调。

突然，那鹦鹉螺迅速收回游荡在板足鲎周围的触手，像瞬间开放的花朵一般，朝着同一方向螺旋式收紧，与此同时，整个躯体仿佛上足了马力的电钻，猛烈开动起来。趴在鹦鹉螺身上钳住一条触手的板足鲎，还不肯放手呢，结果就突然失去了重心，像被拖在车尾的易拉罐，摔得东倒西歪。

"你看吧，我说什么来着！"嘀嘀嗒得意地扬起下巴。

"哇，这个，这个鹦鹉螺还真有一套。"卡拉塔怎么也没想到，刚才还处于被动的鹦鹉螺，竟然这么快就扭转了局势。

"你瞧着吧，还有好戏呢。"嘀嘀嗒一脸骄傲，仿佛在战斗的是自己多年培养出来的得意门生。

这时，那鹦鹉螺也确实没有辜负嘀嘀嗒的期望，他趁着板足鲎晕头转向之际，敏捷地缠住板足鲎的另外几对腹肢和卷尾，任凭他再怎么挣扎都没有反手余地了。

"你快看，鹦鹉螺要释放神经毒素了，你的板足鲎，没有机会赢喽！"嘀嘀嗒的脸上露出了胜利的笑容。

一 瘦死的骆驼比马大

眼看板足鲎已被鹦鹉螺五花大绑，卡拉塔不由得长叹一口气："唉，看来光有勇气也不够啊！"

就在卡拉塔快要泄气的时候，一阵强烈的压迫感突然从远处隐隐袭来，许多密密麻麻的小鱼夹杂在一股巨大的水流里，横冲直撞地朝着礁石的方向游来。

二　深渊巨口

刚才鹦鹉螺带来的水流，还只是让人感觉摇摇晃晃；而现在这股强劲的水流，可就有把人掀翻的架势了。卡拉塔把身体紧紧贴在礁石后面，但唇瓣和鳍都被挤压成了奇怪的形状，根本没有办法控制。

就连正在缠斗的鹦鹉螺和板足鲎，也都突然停下了动作。看来这个即将到来的东西，有着令人无法抗衡的可怕力量。

在水流袭来的方向，一个庞大的黑影吞噬了周围的一切。鹦鹉螺和板足鲎都还来不及分开呢，就突然被一张大嘴吞了进去。

"天呐，发生了什么事？"卡拉塔感觉天旋地转，四肢发软。

"那，那是邓氏鱼！真是深渊巨口啊！"连嘀嘀嗒也慌张得结巴起来。

这个纺锤形的黑色大影子终于露出了庐山真面目，他张着大嘴咀嚼起来，尽管鹦鹉螺和板足鲎都拥有石头一般坚硬的铠甲，但在邓氏鱼的嘴里，他们却都脆弱得不堪一击。

"咔嚓——咔嚓——"

邓氏鱼就像在嚼酥鱼一般，没几下功夫，鹦鹉螺和板足鲎就被他嚼烂了。

"我的天！这个邓氏鱼的体型，该有半座超市那么大了吧？你看他连壳吞的这个架势，估计被他吃下去的动物，应该比满汉全席还要丰富了！"卡拉塔不住地感叹道，"还有这个牙齿，啧啧啧！"

嘀嘀嗒忽然发现，经过了前几次的历险，现在的卡拉塔胆子果然比以前大多了，面对这可怕的庞然大物，他在短暂的惊慌之后居然就能淡定地站在这里评头论足了。

既然卡拉塔都不觉得害怕，嘀嘀嗒就索性跟他聊开了："那个可不是他的牙齿哦。"

"什么？那尖尖的一排，不是牙齿？你可别耍我哦！"卡拉塔将信将疑道，"这么尖锐的东西长在嘴巴里，不是牙齿能是什么？"

"那是他的鳌生头甲，简单地说，就是骨头长到嘴里去了。"

"什么什么？骨头长到嘴巴里？我不信！"

"你再仔细看看，你说的这个'牙齿'，是不是和他的头骨、颈骨连在一起的？"嘀嘀嗒提醒道。

卡拉塔用力眨眨眼睛，仔细望去，不禁惊叹："哎呀，还真是的呢，这居然是骨头而不是牙齿！鹦鹉螺和板足鲎这么厉害，都被邓氏鱼一起吞进了嘴里。那这邓氏鱼，岂不是海洋里的霸王了？"

"对啊，所以才被称作是深渊巨口呀。你看他的那几片骨头，简直比铡刀还要锋利呢，据说邓氏鱼能够咬断任何东西，所以海洋里根本就没有他的对手啊！"嘀嘀嗒感叹地说。

这时，邓氏鱼还在不停地耸动头部，将嚼碎的螺肉和板足鲎往肚子里送。一些细小的碎肉从邓氏鱼的嘴边漏下，立马引来了好几个块头不小的黑影。还有几个小黑影你争我抢地在邓氏鱼的下方转悠，有些体型较小的，捞上一块碎肉便识趣地游走

了。可是有一个也是纺锤形的黑影，在抢夺完碎肉后，竟贪婪地觊觎起了邓氏鱼嘴里的食物，悄悄地靠了过来。

"嘀嘀嗒，你看，又有挑战者来了！"卡拉塔激动起来，"这好像也是一条邓氏鱼吧？"

"卡拉塔，快躲好！同类相残的戏份马上要上演了，我们千万不要被他们误伤了。"

听到警告，卡拉塔赶紧往大礁石后面的石缝里钻。

果然，那条后来的邓氏鱼悄然靠近后，就猛地一扫鳗鱼一般的长尾，向正在进食的邓氏鱼偷袭过去。前面那条邓氏鱼顿时勃然大怒，恶狠狠地回过头来，两条大鱼顷刻间扭打在了一起。巨大的旋涡就像骤起的海底龙卷风，掀起海底厚厚的泥沙，被连根拔起的海草随波四处漂动，连卡拉塔他们藏身的礁石都仿佛在猛烈晃动。

胆战心惊地躲在石缝中的卡拉塔和嘀嘀嗒，又实在忍不住好奇心，壮着胆子伸出头去张望。他们发现那条被攻击的邓氏鱼显然已经调整好了状态，只见他灵活地甩动尾部，口中含着一片反刍出来的鹦鹉螺残壳，狠狠地戳向挑战者。

挑战者见状，赶紧掉头想逃跑。但说时迟那时快，只听"噗——"的一声，挑战者的腹部已被鹦鹉螺的残壳生生地划出了一道闪电形的口子。

"哎哟！看着就好疼！"卡拉塔下意识地皱起眉头，捂住了眼睛。

嘀嘀嗒也情不自禁地打了一个冷战："还好我们躲得快！"

可是，被划伤的挑战者并没有退缩，他绕远游了一圈，稍作修整后，竟又重新昂扬起斗志，张开血盆大口朝着大邓氏鱼的尾部咬去。然而姜还是老的辣，大邓氏鱼先是装作没看到，故意按兵不动，等挑战者游到近处时，忽然轻摆胸鳍，一个一百八十度转身，将覆盖着坚硬外骨骼的头部对准了挑战者。来不及停下的挑战者，直接撞在了大邓氏鱼岩石一般的大脑门上。

猛烈的冲击顿时把挑战者撞得七荤八素，大邓氏鱼瞅准时机，张口一咬。刚吃下了鹦鹉螺和板足鲎的他，又开始贪婪地吞噬起了这个不知天高地厚胆敢来挑衅的同类。

"嘀——嘀嘀嗒，他——他怎么连同类也吃啊？我——我们还是快跑吧！"卡拉塔这下可真的是被吓到痉挛了。

"放心吧，我们躲得这么好，不会被发现的。"嘀嘀嗒安慰道，"再说这种鱼的消化能力不是很好，你没看到刚才他把螺壳都呕出来了吗？说明他现在已经吃饱了，应该不会来袭击我们的。"

"是吗？那他怎么还在一个劲儿地吃那条邓氏鱼啊？"卡拉塔远远地盯着狼吞虎咽的邓氏鱼，一动都不敢动。

二 深渊巨口

忽然，他的双目一闪，正好对上了邓氏鱼的眼睛，一个寒战顿时漫过了他的全身。

"嘀嘀嗒，我——我，有一种不祥的预感！"

"你抖什么呀，别慌嘛。"

"你看，你看，他发现我们了！"

此时，那条大邓氏鱼忽然放开了吃到一半的同类遗骸，嘴角露出邪魅的笑容，缓缓地向卡拉塔藏身的礁石游来。

"嘀嘀嗒，你不是说他吃饱了吗？怎——怎么，他好像还没吃够的样子？！"卡拉塔把脑袋完全缩进了石缝里，惊慌失措地喊道，"怎么办啊，嘀嘀嗒，你快说啊怎么办？"

大邓氏鱼开始绕着礁石转悠，显然已经发现了躲在石缝深处的两条小鱼。

卡拉塔吓得不停打战，而嘀嘀嗒则冷静地挡在卡拉塔前面，眼珠滴溜溜地四处张望。

"有办法了！"嘀嘀嗒看到不远处的海底躺着一个大大的鹦鹉螺壳，忽然心生一计，"卡拉塔，你游得快吗？"

"我现在浑身发软，动都动不了啦，怎么还游得快呢！"

"振作起来！"嘀嘀嗒严肃地说道，"记住，待会儿要一直绕着邓氏鱼游，千万别停下来！"

"什么……"卡拉塔话还没问完，就被嘀嘀嗒从背后狠狠地推了一把，一个趔趄从石缝中蹿了出去，正好怼在邓氏鱼的面前。

"哎呀妈呀！嘀嘀嗒，你干吗呀！想害死我呀！"卡拉塔惊得上蹿下跳，而邓氏鱼却不慌不忙地玩弄起了眼前的猎物。

"绕圈！绕圈！"嘀嘀嗒大声提醒着，并且趁邓氏鱼不备，迅速朝着鹦鹉螺的残片游去。

卡拉塔拼命地晃动尾巴，划动四肢，用尽所有的力气向前加速。可他哪里是邓氏鱼的对手啊，邓氏鱼轻轻这么一摆尾，距离就瞬间又拉近了好几米。

此时，嘀嘀嗒已快速冲到鹦鹉螺壳跟前，把嘴对准了螺口。

"呕——，呕——"一阵长长的干呕声传来。

"啊——，嘀——嘀——嗒——"此刻的卡拉塔快要抓狂了，"关键时刻你居然掉链子了吗？！"

嘀嘀嗒却丝毫没有理会卡拉塔，而是全神贯注地又干呕起来："呕——，呕——"

鹦鹉螺的喇叭口就像个扩音器，将嘀嘀嗒的干呕声放大了好多倍，顿时，海底弥漫着一片响亮的"呕——呕——"声。听到这声音，躲在礁石海草中的小鱼都忍不住纷纷反起胃来，连正在疯狂逃命的卡拉塔都快坚持不住了，一边游一边喊："嘀嘀嗒，你快停下，我都想吐了！"

谁知嘀嘀嗒更来劲了，不仅嘴里呕个不停，甚至还捂着胸口故作难受，那演技简直可以当明星了，谁要是看上两眼，都会情不自禁地难受到翻肠倒胃。

卡拉塔正在疑惑，嘀嘀嗒葫芦里到底卖的什么药？忽然一声震天动地的呕吐声，从卡拉塔的背后猛然炸响。

卡拉塔吃惊地一回头，是邓氏鱼！只见他仿佛被人点了穴道，停下了对卡拉塔的追逐，皱着眉头摆出一副难受至极的模样，震耳欲聋的干呕声，一阵阵地从邓氏鱼的喉咙深处传来。

卡拉塔趁机赶紧溜回嘀嘀嗒身边，气喘吁吁道："没想到，你还有这种邪门的办法！"

"那是！我是谁？神鼠嘀嘀嗒哎！"嘀嘀嗒骄傲地昂着头，对准鹦鹉螺又是一阵响亮的干呕。

邓氏鱼的反应更加剧烈了，淘气的卡拉塔见如此奏效，也忍不住对着鹦鹉螺来了一阵长长的干呕声。邓氏鱼难受得缩起尾巴，将肚子折叠了起来。

"哈哈哈，真是厉害！这么无厘头的办法，嘀嘀嗒你是怎么想到的呀？"卡拉塔越玩越来劲。

"博物馆里的化石显示，邓氏鱼常常因为消化不良，会吐出还没消化完的食物。你看他刚才，吃了板足鲎和鹦鹉螺，又吃了自己的同类，肯定已经撑得想吐了。完全不可能再来吃我们的，他只是想吓吓我们而已。"嘀嘀嗒十分理性地分析道。

"原来是这样！哼，谁让他刚刚追我追得那么起劲，我要再来一下！"卡拉塔玩兴大发。

嘀嘀嗒赶紧阻止道："你可别调皮了，如果他真的吐出来，还不得把我们给活埋了？"

可为时已晚，嘀嘀嗒刚说完，一股柱子般的浑浊液体就从邓氏鱼的巨口中喷射而出，不偏不倚正好朝着卡拉塔和嘀嘀嗒袭来。

"跑！"两个反应贼快的小家伙拔腿就跑。

夹杂着邓氏鱼胃液和碎肉的混浊液体，带着一股腐臭的味道，让卡拉塔差点窒息。

"呕——，好恶心！"跑得上气不接下气的嘀嘀嗒，慢下脚步刚吸一口气，浓烈的酸臭和腐味立即涌入他的鼻腔，瞬间就将他熏翻在地。

三　臭死是件严肃的事

"嘀嘀嗒，嘀嘀嗒，你快醒醒啊！"见嘀嘀嗒突然晕了过去，卡拉塔不知如何是好。

这时，邓氏鱼的呕吐物已经在海水中弥漫开来，扑面而来的浑浊液体令卡拉塔一阵反胃。而更多的呕吐物，正像未经处理的厨房垃圾一样倾泻在海水里，巨大的水流将晕乎乎的卡拉塔和已经彻底昏迷的嘀嘀嗒推向了一个未知的地方。

"嘀……"卡拉塔刚想张口喊小伙伴，却被迎面漂来的一块臭烘烘的鱼内脏堵住了嘴巴。

"哇——"他吐出这块被邓氏鱼的胃液腐蚀过的内脏，紧紧地捂住自己的眼睛和嘴巴，蜷缩成一团，匍匐在沙地上。

"哗啦啦——"又一大摊呕吐物倾落在卡拉塔的前方，邓氏鱼呕吐的轰鸣声还在耳边回荡，刺鼻的恶臭充塞着四周。卡拉塔真想赶快离开这个令人作呕的地方，但晕厥的嘀嘀嗒怎么办？总不能丢下好伙伴，管自己去逃命吧？

呕吐声渐渐小了起来，看来，邓氏鱼已经开始恢复状态了，得赶紧想办法逃出去！

可是，直接冲出去的话，正好撞上呕吐完的邓氏鱼，被"咔嚓"掉还不是分分钟的事？继续待在这里吧，恶臭还是其次，过不了多久肯定也会被发现的。

怎么办？怎么办？！卡拉塔感觉脑袋都快要炸开了。

不行，还是得有所行动！他偷偷展开蜷缩的身体，四下张望了一番，发现嘀嘀嗒正躺在不远处的两坨呕吐物中间，而硕大的邓氏鱼就在他们的上方盘旋着。

"嘀嘀嗒，别睡啦，快醒醒！"卡拉塔挣扎着游向嘀嘀嗒，一边压低嗓门喊道。

这低微的喊声显然被徘徊在上面的邓氏鱼捕捉到了，他突然低下头，盯着卡拉塔的方向。卡拉塔见状，下意识地护住嘀嘀嗒，一阵凉意掠过他的背脊。

奇怪的是，邓氏鱼一直停留在上层海水中，并没有要俯冲下来的意思。

这一反常的现象令卡拉塔大惑不解：明明邓氏鱼已经看到我们了，而且他都吐完了肚子里的东西，没道理不来吃我们啊？难道……，卡拉塔看看四周，脑子里闪过一个念头：他是嫌这里太臭？

好吧！卡拉塔抬头看看邓氏鱼瘆人的巨口，深吸一口气，悲壮地拽起嘀嘀嗒，一头扎进了面前的那堆呕吐物中。

喔，天呐！这个大家伙的胃里到底混杂了多少乱七八糟的东西呀？虽然卡拉塔屏住了呼吸，可难闻的味道还是从细小的鳃缝里顽强地渗透了进来，让卡拉塔痛不欲生。

"佛祖啊，老天爷呀，远古的各种神灵啊，快让邓氏鱼走吧，我快要坚持不住啦。"因为脑袋缺氧，卡拉塔已经昏昏沉沉了，他用胸鳍深深插进水底的沙泥里，拼尽全力硬撑着，"啊，不行，实在不行了，吸一口气吧，就吸一小口……"

卡拉塔刚张开嘴巴，身边的恶臭就带着一股强大的魔力向他扑来，顿时将他熏得意识模糊起来。

迷迷糊糊中，卡拉塔突然感觉腾地一下，什么东西把自己的身体拱了起来，迅速脱离了那堆恶心的秽物。

"呜——呼，呜——呼！"卡拉塔大口大口地呼吸起来，渗入腹腔里的恶心味道终于被一点一点挤了出去。

"嘿，你好些了吗？"一个温柔的声音问道。

卡拉塔这才注意到，驮着自己的，是一条非常眼熟的鱼儿，这鱼有着铁锹一般扁扁的脑袋，圆圆的眼睛长在头顶中央，身体两边的腹鳍和后鳍已经开始向四肢演变。这长相，不是跟自己一模一样吗？

"你，也是提塔利克鱼？"卡拉塔惊喜地问道。

"对呀，我叫莎莎。"那鱼儿眨巴眨巴眼睛，语气中充满着佩

三　臭死是件严肃的事

服，"你俩真是太天才了，居然能想到用这样的方法来躲避邓氏鱼的追击。"

没想到真的遇上同类啦！卡拉塔别提多开心了，他赶紧跟莎莎套起了近乎："没有啦，没有啦，那都是我兄弟的主意。莎莎，你才厉害呢，要不是你及时相救，估计我现在也早已经晕翻过去了。"

"你别谦虚了，我们刚才都看到啦，带着伙伴钻进那些呕吐物，躲避邓氏鱼追击的可是你呢！"莎莎摆摆尾巴，仿佛这是一件非常棒的事情。

"呕——！啊，不好意思，不好意思，一想到刚才，就忍不住又想吐了！"

"哈哈哈，没事的，可以理解，可以理解。"莎莎一副满不在乎的样子。

"啊！"卡拉塔似乎想起了什么，突然回过头去大叫一声。

"怎么啦，怎么啦，邓氏鱼又回来了吗？"被卡拉塔这么一惊叫，莎莎也紧张起来。

"不是不是，谢谢你的帮助！不过我得回去，把我好兄弟带出来！"原来卡拉塔想起了还昏迷在秽物堆里的嘀嘀嗒。

"嘻！我还以为什么事呢，别担心，他没事的。"莎莎大大地松了一口气。

　　"谁说没事？他刚才已经被臭晕了，再不把他救出来，就太危险了！我就算被臭死，也得回去找他！"卡拉塔挣扎着想要下去。

　　"别动别动，快趴稳了！"见卡拉塔一本正经的样子，莎莎被逗笑了，"你不用那么紧张，喏，你的朋友已经被我老公带出来啦，我的女儿正在照顾他呢。"莎莎朝下方努努嘴。

　　唉，眼睛长在脑袋顶上就是不方便，卡拉塔侧过身，歪着半个脑袋，这才看到在不远处的下方海域，一大一小两条提塔利克鱼正在并肩遨游，那大鱼的背上，正驮着还没苏醒的嘀嘀嗒呢。

"没事就好，没事就好。"卡拉塔长长地呼了一口气。

"你刚刚那个样子，要是被你朋友看到，估计会被感动到哭哦！"莎莎打趣道。

"可别，可别，你可千万不要告诉嘀嘀嗒啊！"卡拉塔几乎可以想象得到，嘀嘀嗒要是知道自己这样，一定不是感动，而是捧着肚子哈哈大笑。

"好，好，不说不说。"莎莎摇摇头，"对了，我还不知道你叫什么呢？"

"我叫卡拉塔，我的朋友叫……"

"我知道，他叫嘀嘀嗒。"卡拉塔还没来得及说出口，就被莎莎抢答了。

正说话间，远处那条活泼的小提塔利克鱼，甩着尾巴向卡拉塔和莎莎游了过来："妈妈——，妈妈——，爸爸说天快黑了，我们一会儿就到前面的那片四射珊瑚丛里去休息！"

"好的，我知道啦。"面对自己的女儿，莎莎的语气中霎时多了几分温柔和慈爱。

小提塔利克鱼游近后，卡拉塔这才发现，她的个头其实也不小，看起来和自己一般大，只是刚才她和父亲游在一起，才显得比较小。如此看来，按照辈分，自己应该称呼莎莎为阿姨了。

卡拉塔忽然觉得有些不好意思。虽然莎莎和自己说话时的语

三 臭死是件严肃的事

气，仿佛就像是同龄人，但毕竟是大了一辈的，像刚才那样对她直呼其名，好像有些不太礼貌了。于是，他赶紧换了个称呼："莎莎阿姨，刚才不好意思。"

莎莎顿时又乐开了："有啥不好意思啊？哈哈哈，是因为看到多咪了吗？怎么突然叫起阿姨来了？"

"嗯。因为你看起来太年轻了，说话语气也不像我妈妈那个年纪的。"卡拉塔如实作答。他觉得和莎莎相处很舒服，就像一个认识了很久，可以互开玩笑的朋友一样。

"嘻嘻，真的吗？好多鱼儿都这么说呢，可能是因为我运动得比较多吧。"莎莎眯着眼睛，很开心的样子。

看来不管是什么年代，多运动都是一件非常好的事情呀！卡拉塔默默地想，回去之后，一定要多运动，而且还要发动身边的人一起运动，比如爸爸、妈妈，还有挺着个大肚子的嘀嘀嗒。虽然有个小肚肚还挺萌的，但健康才是更重要的！

"嘿，卡拉塔，快抓稳咯，我们要准备降落啦！"莎莎阿姨话音刚落，就缩起腹鳍来了一个大俯冲。

"呜哇——"眨眼间，他们已经降落在了一片色彩明亮的珊瑚礁丛之中。

四　上了年纪的珊瑚

这时的卡拉塔，脑袋已经完全清醒过来了，不像刚才那样昏昏沉沉的了。他噌地一下，从莎莎阿姨的背上跳了下来，稳稳地落在了海床上。

"到啦，这里就是四射珊瑚礁丛。"莎莎趴在沙地上，显然有些累了。

卡拉塔好奇地四处打量，发现这里的光线要比刚才那地方亮堂许多，显然是到了浅海区域。而且，这里的生物种类也十分繁多。光是眼前这片珊瑚丛，就显得千姿百态：有像刚露尖角的小荷一样，一头尖尖垂下来的；也有像牵牛花一般，朝天噘着粉嫩小口的；还有一些珊瑚的体表曲度，居然像拖鞋一样奇特。珊瑚礁丛中，则躲藏着无数小小的昆虫，有四处攀爬的三叶虫，有钻进钻出的层孔虫，还有许多柔软的鳗鱼幼虫，从沙地里探出半透明的小脑袋，神情警觉地前后张望着。

忽然，卡拉塔看到不远处的沙地上躺着一个熟悉的小身影，不禁大喜过望，赶紧游上前去："嘀嘀嗒！嘀嘀嗒！"

听到喊声的嘀嘀嗒，一骨碌跳了起来，转身迎接卡拉塔的拥抱："卡拉塔，你没事吧？"

"我没事啊！"卡拉塔开心地抱着嘀嘀嗒，"你终于醒过来啦？"

"刚才啊，你的小伙伴可担心死你啦！"莎莎捂着嘴，嘻嘻嘻地笑起来。

卡拉塔顿时有些难为情，可嘴上还犟道："我才不是紧张他呢，我是来嘲笑他的。男子汉大丈夫，居然被臭晕了，你说羞不羞人！"

"担心自己的好朋友，不是很正常的吗？有啥好难为情的。"莎莎身边的大提塔利克鱼突然发了话，他比多咪和莎莎的体型都要大许多，腹鳍上的趾骨也更加明显，"小朋友嘛，本来就是应该相互关心的喽。"

"您好！您就是多咪的爸爸吧？我叫卡拉塔。"见到语气风度都十分沉稳的鱼爸爸，卡拉塔也不知不觉严肃起来。

"哦，你好啊，我叫卢卡。"多咪的爸爸虽然一脸严肃，但却不是那种冰冷的感觉。

"谢谢您，卢卡叔叔，帮我救了嘀嘀嗒，刚才我确实担心死了。"卡拉塔由衷地感谢道。

活泼的莎莎又忍不住哈哈大笑起来："嘀嘀嗒，卡拉塔说的没错，刚才他还非常严肃地跟我说，就算是被臭死，也要去找你呢！"

"莎莎阿姨，你……"卡拉塔一脸无奈地扶住额头，碰到这个性格开朗的鱼阿姨，他也真是醉了。

卢卡叔叔又发话了："好了，既然你们已经脱离险情，我们也该分道扬镳了。"

"啊？我们不一起走了吗？"卡拉塔心里一阵发慌。好不容易躲过了邓氏鱼的追杀，在茫茫大海中遇见了同类，怎么又要分开了呢？

"那你们是要和我们一起走吗？"聪明的多咪眨巴着眼睛，表面上像是在问卡拉塔和嘀嘀嗒，其实是在征求爸爸的同意。她这一路上实在是太寂寞了，如果有这两个有趣的家伙作伴，旅途一定会变得非常有意思的。

卢卡眉头紧锁地沉默着，似乎在纠结什么重要的事情。

莎莎猜到了女儿的心思，挤眉弄眼地指向一个方向，问嘀嘀嗒："你们也要朝陆地的方向走吗？"

聪明的嘀嘀嗒当然知道，这是莎莎阿姨在帮他们制造机会呢，所以他立马配合地点点头："是啊是啊，我们也正有上岸的

四 上了年纪的珊瑚

打算呢！"

"你们也打算上岸？"卢卡听后，转身面向卡拉塔，"上岸是件大事，会吃很多苦头的，光靠小聪明可不行，你们两个孩子，都做好心理准备了？"

卡拉塔本以为上岸会是一件很轻松愉快的事情，突然被卢卡叔叔这么一问，顿时有一种不祥的感觉。他正想问个究竟，身边的嘀嘀嗒却悄悄地捅了捅他，"我们不怕苦的。"只听见嘀嘀嗒这样大声说。

"我再问一遍，确定要跟我们走？"卢卡似乎还不放心。

"是的！"嘀嘀嗒坚定地说。

"你呢？"卢卡回过脸又问卡拉塔。

"嗯，我也确定！"虽然心里直打鼓，但卡拉塔还是坚信嘀嘀嗒的选择。

"好吧，既然这样，那就跟着我们走吧。"

"好耶好耶，我们可以一起走啦！"多咪开心地转起了圈圈。

卢卡开始有条不紊地指挥道："好，既然事情已经定了，那现在我们先去补充点能量吧，之后还有好多事情呢。"

"嗯，好哒！"兴奋的多咪立马跟在爸爸身后，乖巧得像只猫咪。于是，一大一小两条提塔利克鱼率先朝着珊瑚礁后面的岩石游去。

莎莎随后跟上，还不时回头招呼着卡拉塔和嘀嘀嗒："你们快来啊，这里的食物可鲜美了，之后就遇不到这么好的地方喽。"

　　"就来就来。"卡拉塔一边答应着，一边悄声问嘀嘀嗒："你说，我们只要跟着他们，是不是就能上岸了？"

　　"我觉得百分之八十可以。"

　　"啊？那剩下的百分之二十呢？"

　　"还有百分之二十啊，当然是先去填饱肚子再说啦！"嘀嘀嗒调皮地说着，朝礁石上的一大片小海螺游去。

　　卡拉塔顿时急了："嘀嘀嗒，你等等我，可别把好吃的都给我吃完了！"

　　"哈哈，那你就动作快一点啰！"嘀嘀嗒头也不回。

　　沙地和礁石缝隙里有许多才冒出头的小虫虫，既肥嫩又鲜美，卡拉塔完全顾不上形象啦，他急不可耐地冲上前，盯准一个就是嗖的一下，不一会儿，肚子就塞得饱饱的了。

　　他心满意足地找了块平坦又细腻的沙地，准备躺下歇会儿。

　　卡拉塔完全没有想到，一群细管状的小鱼，本来正用吸盘似的嘴巴享用着美餐呢，被卡拉塔这一通搅和，把他们的美餐都给破坏了。愤怒的小鱼们瞪着圆圆的小眼珠，肚子气得一鼓一鼓，纷纷围到一起，前前后后地啄咬起了卡拉塔来。

　　这群小鱼每条只有几厘米长，在身长快有两米的卡拉塔眼

四　上了年纪的珊瑚

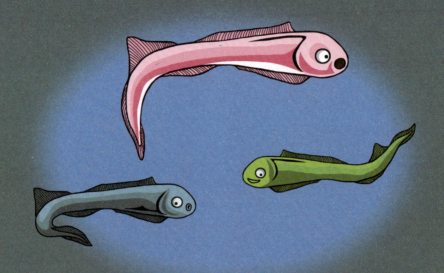

中，这群小鱼的攻击就像挠痒痒似的，根本不必理会。

"看我的！"多咪不知从哪儿一个箭步冲了过来，只见她张大嘴巴用力一吸，几条小鱼立即就被多咪一口吞下，其他的鱼群见状，纷纷逃窜开去。

"嗯，还蛮有嚼劲的。"多咪一边大力吞咽，一边发出美滋滋的感叹。

也许是出于提塔利克鱼的本性吧，卡拉塔看到这一幕，竟感觉挺理所当然的，一点抵触心理也没有。不过，他觉得多咪吃得实在有些太着急了，就劝道："多咪，你慢点，吃得这么快，不怕噎着吗！"

多咪一脸惊奇地看着卡拉塔："慢一点？不会吧，慢一点你可就被咬出血了知不知道！"

"啊？"卡拉塔将信将疑，他并没有感觉到任何疼痛啊。

"你看看你，一点警觉性都没有。这种小鱼可是很嗜血的！我听卢巴舅舅说过，这种小鱼有一部分更厉害，都已经进化成了吸血的鳗鱼，专门附在别的动物身上吃血肉，直到把动物的血吸干为止呢！"

"呃——"听了多咪的这番话，卡拉塔不禁有些后怕。看来，即使在看起来十分安逸的情况下，也要格外小心。

不知是因为这里的海水比较浅，能够透下充足的光线；还是刚才为了找食物，上蹿下跳的动作太大了，卡拉塔忽然感觉浑身上下越来越热。

"心静自然凉，心静自然凉。"他一边在心里默念着，一边趴在水底的沙地上，浑身放松地闭上了眼睛。

看到卡拉塔一副惬意的样子，饱餐之后的嘀嘀嗒也爬了过来，在边上俯卧下来："嘿，你倒是会享受啊。"

"是啊，你看这里多舒服啊，既暖和，食物又充足，风景也好。"听见嘀嘀嗒凑了过来，卡拉塔睁开了眼睛，"不过，刚才有些小鱼来咬我，多咪说那些鱼是会吸血的，说得有鼻子有眼

四 上了年纪的珊瑚

的，也不知道是真是假？"

"什么样的小鱼啊？你描述一下呗。"一向爱好科普的嘀嘀嗒，顿时来了兴趣。

卡拉塔努力回忆道："那些小鱼吧，也就几厘米长，既没有腹鳍，也没有上下颌，背上的鳍还带着褶皱，另外，背尾鳍是长长的下叶和耸起的弧形三脚上叶……"

"哟，描述得还挺专业的嘛。可这也算不上是特征呀，长成这样的小鱼多了去了。"嘀嘀嗒皱着眉头。

卡拉塔尴尬地歪歪嘴："也是哈，那我再想想。哦，对了，那些小鱼的眼睛后面有一排小鳃孔，头的两边都有！"

嘀嘀嗒一听，兴奋地说："哦，那我就知道啦。那是莫氏鱼，他的后代的确有一个分支，已经进化成了八目鳗那一类寄生性的动物。不过你遇见的莫氏鱼，应该没有多咪说的那么可怕。而且莫氏鱼大都生活在志留纪，在泥盆纪真的是很罕见了。"

"噢——"卡拉塔随口应道。其实他对这种吸血的小鱼并没啥好感，倒是那些千姿百态的珊瑚，更让他产生兴趣，"之前我们变成三叶虫的时候，海底也有很多漂亮的珊瑚，但好像没注意到珊瑚身上还有这么多一棱一棱的小褶皱呢。"

嘀嘀嗒翻了个身："你猜猜，这些小褶皱都是干吗的？"

卡拉塔挠挠脑袋："这个嘛，伪装？预防天敌？不对啊，珊瑚虫都躲在里面，根本没有必要把外面搞得这么复杂呀。"

"哈哈哈，猜不到吧？"嘀嘀嗒大笑起来，"这个呀，是个古老的生物钟。你看那些细细的生长线，这是每天长一条的，一

条就代表一个昼夜；而那些比较粗的生长带，代表的则是一个
生长周期……"

经嘀嘀嗒这么一提示，卡拉塔又饶有兴致地对面前几株高高
低低的珊瑚仔细观察起来："哇，每个褶皱带里的细线数目真的
都不一样唉！"卡拉塔惊奇地发现，那些高矮不等的珊瑚褶皱
带里，细线的数量有着明显的差异。

"不错不错，观察得很细致。"嘀嘀嗒夸赞道，"所以，你就
可以根据这些细线的数量，来大致推算出这个珊瑚的年代啦！"

"真是太厉害了！"卡拉塔支起身子，想要好好地数一数面
前那株珊瑚里面到底有多少褶皱带。但是暖烘烘的沙床和海水
仿佛都浸满了催眠剂，他数着数着，眼皮就耷拉下来，不一会
儿就迷迷糊糊睡着了。

五　艾登堡鱼母

卡拉塔这一觉，一直睡到了第二天。当他醒来的时候，海水已经变得更热了。他微微睁开眼睛，回味着还未全然褪去的睡意。

"嗨，你怎么还在睡啊？太阳都晒屁股了，我们该走啦！"多咪摆着脑袋对卡拉塔喊道。

"哦，就来。"卡拉塔起身，甩起尾巴游了没几下，却被卢卡拦住了。

"从现在开始，都不许再游了，全部用腹鳍走路！"一大清早的，卢卡就宣布了一条属于他们这个小团体的"法令"。

"这是什么奇奇怪怪的规矩啊？不游泳，走路又累又慢，什么时候能上岸呢？"卡拉塔在嘀嘀嗒嗒耳边小声嘀咕道。

虽然卡拉塔的声音很小，但还是被卢卡敏锐地捕捉到了，他板着脸大声说道："这是在为将来上岸做准备，没有经过历练的生物，是会被大自然淘汰的！"

卡拉塔被这突然的呵斥声给吓住了，结结巴巴地说："是，是的，卢卡先生。"

"哎哟，亲爱的，你稍微温柔一点嘛，看都把孩子们给吓到

啦！"莎莎一边温柔地拍拍卡拉塔，一边娇声地数落着自己的丈夫。

"你俩别往心里去啊，每次讲到这种事情，我爸的语气总是这么强硬。"可爱的多咪也在一旁安抚道。

"怎么能不往心里去？！"卢卡依旧威严地板着脸，十分严肃地说，"繁衍生息，顺应时代变化，这可是头等大事，一点不能马虎的！"

"完了，我爸又要开始演讲了。"多咪附在嘀嘀嗒耳边小声抱怨道。

"现在的时局这么紧迫，怎么可以只求片刻的安逸……"卢卡叔叔的演讲刚开始没多久，一阵幽怨的哭声蓦然从背后的礁石边传来。

"呜——，呜——"

沉浸在演讲之中的卢卡对这哭声毫不理会，他仿佛一位新时代的革命家，昂首挺立、慷慨激昂地发表着他的见解："未雨绸缪是非常重要的，我们的祖先不知花了多少功夫，才为我们进化出了能够到陆地上闯一闯的趾骨和肺。如果我们不勤加练习，让这些器官退化了，就会有灭顶之灾……"

呜咽声突然响了起来，并且打断了卢卡先生的话："呜——，未来！为什么人家的未来都是美好的，而我苦命的孩子，却只有黑暗？呜——"

嘀嘀嗒赶紧抓住这个摆脱卢卡叔叔长篇演讲的好机会，自告奋勇道："卢卡叔叔，我去看看是怎么回事！"

小机灵鬼卡拉塔立马默契地感应到了嘀嘀嗒的意图，赶紧附和道："啊，我也去！"话音未落，两个小家伙就赶紧开溜。他们一前一后向礁石后面游去。但游了没几下，就感受到了背后卢卡叔叔冰凉的目光，于是立马乖乖地落到沙地上，用鱼鳍小心翼翼地爬向礁石。

"请问是谁在哭啊？"一拐到礁石背后，卡拉塔就迫不及待地问道。

只见两条小到一只手就能握住的鱼儿，正垂头丧气地靠在礁石上。听到卡拉塔的喊声，一对含着泪光的大眼睛抬了起来，正好迎上了卡拉塔好奇的眼神，那小鱼停止了哭泣，问道："你，你是谁？"

大大的眼珠，还有上唇两条短小又上翘的触须。这特征太明显啦。一旁的嘀嘀嗒一眼就认出来了，这是能够预测天气的艾登堡鱼母。

五 艾登堡鱼母

"你们好，我叫嘀嘀嗒，这是我的朋友卡拉塔。"嘀嘀嗒十分礼貌地自我介绍道。

大眼睛小鱼还未回答，边上另一条面色沉重的艾登堡鱼母已经开口了："你们好，我叫艾登，这是我的妻子米娅。"

可不知为什么，那条名叫米娅的艾登堡鱼母突然又哭泣起来："我的孩子——"

嘀嘀嗒和卡拉塔面面相觑，都不知道自己的哪句话引得米娅如此伤心。

"你别哭啦，对不起啊，我们不是要故意惹你伤心的……"卡拉塔慌忙道歉道。

没想到，卡拉塔这一道歉，竟惹得米娅更加伤心了，她抬起红肿的眼睛，望着艾登，抽噎道："你瞧，多——多么好的孩子啊，我们的孩子要是长大了，一定也是这么善良懂事的。"

"我们虽然不知道这里发生了什么，但你们也别太难过了，不好的事情总会过去的。"看到米娅如此悲伤，嘀嘀嗒也不免莫名地为她感到难过。

可是，米娅仍然沉浸在自己的悲伤中，喃喃道："过不去了，哦！我是一条受到诅咒的鱼，过不去了！我可怜的孩子们，都是我的错！都是我的错！"

卡拉塔和嘀嘀嗒面面相觑，不知该如何是好。

正在这时，卢卡魁梧的身影出现了："这位女士，你遇上了什么烦心事？我能为你做些什么吗？"

艾登十分感激地望了卢卡一眼，但眼神中分明又透着绝望："这位先生，谢谢你的关心，但是我们遇到的困难，真的是没有办法解决的。"

多咪和莎莎不知什么时候也围了过来，看到这幅场景，内心柔软的莎莎也忍不住劝慰道："你们到底遇到什么困难了呀？说出来嘛，没准儿我们有办法能帮到你们呢。"

"不不不，善良的女士，我知道你是好心，但请不要再给我们希望了，我们已经再也经受不住打击了。"艾登绝望地拼命摇头。

"真是的，说都不说，就知道没有希望了吗？难怪只能缩在这里哭呢！"多咪觉得艾登堡鱼母实在太过懦弱了，她想也没想，就没轻没重地脱口说道。

"多咪，你怎么回事！快向叔叔阿姨道歉。"卢卡严厉地瞪了多咪一眼，转头问艾登道："艾登，你们为什么还要留在这里？"

听到这句话，米娅失神地望向远方。而艾登的脸上瞬间写满了惊讶："我们的事，你是怎么知道的？！"

艾登的话印证了卢卡的想法，他慢慢地爬到艾登和米娅跟前："你们不是被诅咒了，只是环境变化得太快，跟我们走吧，到更适合你们生存的地方去！"

艾登沉默了，他耷拉着眼睛，眼神里满是疲惫不堪，大家这才注意到一直在米娅身边照顾她的艾登，要比米娅瘦很多，也憔悴很多。

"以前，也有别的鱼和我说过这样的话，可是，这是我们的家园，除了这里，我们还能去哪儿？"米娅忧伤地说。

"我们明明可以和我的妹妹一起走的。他们现在一定已经儿女成群了！"艾登声音沙哑。

"你是不是早就想抛下我了，你走吧，你走吧！我早就看出来了，你那蠢蠢欲动的心，早就不再爱我了，现在又说这样的话！"刚刚还忧伤柔弱地倚在艾登边上的米娅，忽然换了一个容颜，仿佛一个暴跳如雷的泼妇。

"我不是这个意思。"艾登愁眉苦脸地说。

"你就是这个意思，你走吧，你和他们一起走吧，我要留在这里，和我的孩子们一起！"米娅声嘶力竭。

大人们满脸凝重的交谈，让几个孩子们听得一头雾水。尤其是卡拉塔，他不明白，艾登夫妇为什么要一直拒绝别人的帮助？卢卡叔叔又为什么要让艾登夫妇和他们一起走？为什么他什么都不问，就好像知道发生了什么事？

这些疑问就像是空中的柳絮一样，在卡拉塔的脑海中飘来飘去，挠得他十分难受。

"嘀嘀嗒，为什么……"卡拉塔想请教一下自己的神鼠小伙伴。

此刻的嘀嘀嗒正全神贯注地望着他的新一届偶像卢卡叔叔，完全没有理会卡拉塔。而外表活泼、看似大大咧咧的多咪，则心思细腻地注意到了卡拉塔的心思，她抢着说："我知道你想问什么！我知道答案！"

六 诅咒背后的秘密

"真的？"卡拉塔不相信，刚才还说话没头没脑的多咪，能如此缜密地了解到他在想什么？

"那我可说啦！我猜你是想问，为什么我爸都不用问就知道了他们的矛盾，还有艾登夫妇为什么突然会翻脸……"多咪得意地昂起下巴，"这一片的水域，已经不适合再繁衍艾登堡鱼母的下一代了。艾登肯定想过换一个地方，但是米娅不肯，她想留下来。但是，他们的孩子没能挺过来。米娅终日沉浸在失去孩子的痛苦中，而艾登也十分自责。"

多咪一口气讲了这么多，顿时把卡拉塔给听愣了："你，你是怎么推断出来的？"

多咪的推断听起来整体逻辑完全没问题，而且仅凭艾登夫妇的几句对话，居然连他们的心理都能描述出来，这简直是匪夷所思，跟多咪之前在卡拉塔心中的形象反差太大了！

"很简单啊，因为自从海水的温度开始升高，许多鱼卵都变成了黑色，根本孵不出小鱼了。"多咪轻描淡写地说道。

"啊？"卡拉塔还是有些不太明白。

多咪摆摆尾巴，叹口气道："唉，具体到底是怎么回事其实我也不知道，但是这种情况我们见多了。总之，海洋已经越来越不适合我们鱼类居住了，所以我爸一直都在呼吁大家尽快迁徙。这是我们老祖宗传下来的智慧。"

卡拉塔"嗯"了一声，心里却更加纠结了：那鱼卵为什么会变黑呢？难道仅仅是因为海水的温度升高了？不对，卡拉塔忽然想起妈妈做的蒸鱼子，那都是放在高温下蒸熟了的，也从来没见过变成黑色的情况啊，况且现在的水温根本没有蒸箱里的温度那么高，这到底是为什么呢？

这一次，卡拉塔很确信多咪回答不了他的问题了，还是向无所不知的嘀嘀嗒讨教吧。

"哦，那是因为以前海底火山爆发时，熔岩和海水发生化学反应，释放出了重金属离子，长大一点的鱼还可以适应，可是那些刚产下的鱼卵没有那么强的代谢能力，长期浸泡在这种有毒的海水里，自然就变黑了……"嘀嘀嗒说着，疑惑地望向卡拉塔，"咦，你怎么突然想起问这个了？"

卡拉塔于是就把刚才多咪说的那番话告诉了嘀嘀嗒。

"原来是这样！嗯，这就说得通了。"嘀嘀嗒恍然大悟道，"不过，卢卡叔叔说的那种迁徙的办法，可能真的不是很适宜艾登堡鱼母。"

六 诅咒背后的秘密

"不适合？那他们该怎么办呢？你说说看，有什么办法可以帮助他们呢？"卡拉塔看嘀嘀嗒那神情，就知道他一定有解决办法。

嘀嘀嗒支支吾吾道："有是有，但是……"

"你怎么婆婆妈妈的，既然有办法，那还不赶快说出来，让他们试一试？"卡拉塔看不下去了，"你要是想当胆小鬼，那你告诉我，我去说！"

"谁是胆小鬼啊，我去就我去！"

卢卡叔叔和艾登夫妇仍在那里对峙着，嘀嘀嗒见他们一时半会也不可能缓下来，干脆硬着头皮冲了过去："叔叔阿姨们，打扰一下，可以先听我说一句吗？"

"你个小孩子，就不要来掺和了！"艾登虽然个头还不如嘀嘀嗒，但却一副长辈的姿态，看来内心的自责和妻子的哭诉已经耗完了他所有的耐心了。

"你们不要觉得我是小孩子，就解决不了问题。我有办法可以让你们既不用搬家，又不会失去自己的宝宝！"

"什么？是什么办法？！"米娅的双眼里顿时燃起一丝希望。

但是艾登却显然经不住再一次失望的打击了，他烦躁地说："看在上帝的份上，请不要再说一些无用的空话，来折磨我们了好吗？"

"可是，你确定不想再试试吗？"莎莎忽然也出现在了嘀嘀嗒身后。

"不如就让他说一下吧，反正也不会再有什么损失了……"米娅似乎还有一丝最后的期待。

"我不想听！"艾登忽然崩溃地大叫着，径自游向一旁。

见艾登如此冥顽不化，嘀嘀嗒索性闭上眼睛，大声说道："只要让你们的孩子在母体里长大后，再出来接触有毒的海水，不就没事了吗？"

"呵，我就知道，小孩子尽会瞎说话！"艾登倚在礁石上苦笑着，"好了！别哗众取宠了！"

但是米娅却听得有些动心，她瞪着一双大眼睛追问道："你的意思是，把孩子们养大了再生出来？"

"对，没错。"嘀嘀嗒肯定地点点头。

"听上去虽然荒唐，说不定可以试试呢？如果这次能够成功，我就会有可爱的孩子了，艾登也不会成天想着要走了。"米娅说着说着，痴痴地傻笑起来。

"不要再试了！之前大家说的那么多办法，我们不都试过了？但孩子们还是……，哎，不要再做伤害自己的事了，好吗？"艾登心疼地说，"这小伙子简直是在异想天开，让孩子在你肚子里长大，那你的身体怎么吃得消啊！"

米娅却使劲地扭动尾巴，仿佛着了魔一般拼命摇着头："不！我要试，我要试！你的家人都走了，朋友也不在这里了。就在刚才，你还提出要走的想法。你已经不爱我了，除了孩子，我已经没有什么再能留住你的了。"

艾登垂下眼睑，心疼地用腹鳍轻轻抱住米娅，怜惜地安抚道："米娅，我不会走的，我哪里都不会去，就在这里陪你。"

艾登温柔的话语仿佛春天沁人心脾的花香，温柔地抚慰着米娅的内心，使她感受到了一片浓浓的爱意。于是，她渐渐安静下来。

卢卡长叹一口气："好吧，那祝福你们，有缘再见。"说完，转身招呼莎莎和多咪，"我们也该抓紧上路了。"

嘀嘀嗒和卡拉塔自然是要跟着卢卡一家走的。临走之前，卡拉塔很想为艾登夫妇再鼓鼓劲，但一时又不知该说什么才好，于是只说了一句"加油，再见"便一扭一扭地爬回大部队里，一边走，还一边不住地回头张望一下。

艾登夫妇看到卡拉塔一步一回头的样子，脸上勉强挤出了一线笑容，轻轻点着头向他致意。

卡拉塔的内心顿时涌起一股暖流，他喃喃道："多好的鱼儿啊，怎么就碰上了这种倒霉的事情呢！"

"你真是少见多怪，海洋里善良可爱的鱼儿多了去了，但是光凭天真可爱，是没有办法活下去的！"多咪竟一副见怪不怪的样子。

"你可真奇怪，小小的年龄，想法却这么成熟，说话就跟大人一样，一套一套的。"

"是吗？可能因为总是听爸爸教育别人，习惯了吧。"多咪翻翻眼珠，"真不明白，像你这么多愁善感，是怎么活下来的？不会是每次遇见大鱼，都用呕吐那招吧？哈哈哈……"

"才不是呢！"卡拉塔顿时羞红了脸躲到一边，把嘀嘀嗒挤到了中间。

"你干吗呀，人家多咪说你呢！"嘀嘀嗒故意配合着多咪，一起逗卡拉塔。

卡拉塔才不傻呢，赶紧把话题转移开："唉唉，我还以为卢卡叔叔会继续劝说艾登夫妇呢，没想到艾登说了几句，他就忽然放弃了。"

"卢卡他才不是放弃呢，你别看他一副严肃刻板的样子，其实他特别清楚自己该做什么，哪些事情是他值得去争取的。"听到孩子们的对话，莎莎忽然转过头，像个痴情少女一样替她的心上人辩护起来。

"哎呀，我可没说卢卡叔叔哪里不好。"卡拉塔连忙尴尬地摆摆头。

65

六 诅咒背后的秘密

"哈哈哈，别紧张呀。"莎莎把脸转向了嘀嘀嗒，"你瞧，他现在的样子，和之前否认担心你的时候一模一样呢。"

嘀嘀嗒调皮地眨眨眼，一脸"我懂哒"的小表情。卡拉塔知道自己现在说啥都没用啦，只好乖乖地闭上了嘴。

七 背上的熨斗和歪七扭八的鳍

挥别了艾登夫妇，卢卡一行踏上了向陆地进发的道路。

其实他们现在的前进方式，还不能算是爬行，最多只是配合着水的浮力和惯性，在一下一下地做伏地挺身，那模样看起来就跟宇航员在月球上走路一样，半走半飘的。

他们除了偶尔停下来吃点东西，补充一下能量，便都是不分昼夜地辛勤赶路了。

海床越来越高，太阳穿过水底的光线也越来越多。本来应该是暖洋洋的海水，此刻却让人感觉特别的燥热。

他们走啊走啊，不知不觉几周过去了。由于频繁地触地，这群提塔利克鱼的四鳍都渐渐磨出了大大小小的伤口，这些伤口结痂之后又被重新磨破。而不间断的用力，更使得浑身都酸痛不已。

"啊，我不行了，我不行了，我真的需要歇一会儿。"卡拉塔觉得全身都像灌了铅一般沉重，每迈一步都尤为艰难。

"你现在只是还没有习惯，等再坚持一下，熬过了这个阶段，你就不会觉得这么费劲了。"嘀嘀嗒咬着牙关忍着疼痛鼓励着卡拉塔。

可是钻心的疼痛和阵阵袭来的疲惫，已让卡拉塔变得异常焦躁，他忍不住冲着嘀嘀嗒抱怨起来："真是的！干吗非要用这么费劲的方式，像个傻子一样走路呢？"

本来卡拉塔只是想发泄一下对嘀嘀嗒的不满，谁要他带着自己来这种地方受苦的，没想到这番话却被卢卡叔叔听到了，于是他又开始不厌其烦地向卡拉塔强调起了这么做的必要性和重要性。可是，此刻的卡拉塔，哪里还听得进这些说教啊。

多咪又一次发现了卡拉塔的小心思，于是就故意捂着肚子喊起来："哎哟，哎哟，肚子好饿！"

"那都先停下吧。"卢卡看了多咪一眼，像个将军一样发号施令道，"我和莎莎去找些食物来，你们就在原地等着我们！"

卡拉塔立即瘫倒在地，口中还嚷嚷着："哎哟，终于可以休息了。"

"卡拉塔，你以后最好尽量不要再说这种话了。"嘀嘀嗒语重心长地劝告道。

"啊？可是真的很累唉。"卡拉塔苦着脸，揉揉酸痛得不行的胸鳍。

嘀嘀嗒摇摇头："我知道你是在怪我。可说者无心听者有意啊，你想想，你说的话，让卢卡叔叔一家听了有多心寒？毕竟是我们硬要跟着他们走的。"

经嘀嘀嗒这么一点拨，卡拉塔才意识到自己刚才的话有多么伤人。他低下头，对着多咪说："对不起呀，我其实真的不是那个意思……"

"哪个意思？"机灵调皮的多咪故作不知，大度地说道，"没事的，我很小的时候也这么痛过，那时候我就天天怪爸爸，觉得他简直是在犯神经。不过……"

"不过什么？"卡拉塔睁大了眼睛。

七 背上的熨斗和歪七扭八的鳍

"等你上岸的那一刻，你就完全不会这么想了。"

"上岸？你已经上过岸了？"卡拉塔的眼睛瞪得更大了。

"对呀，其实我们本来就住在离陆地很近的浅海区。我很小的时候，爸爸妈妈就带我上过岸啦。"

"啊？那你们为什么还要回到海里去，而且还到这么远的地方来？"

"因为爸爸想要救更多的鱼。你也看到了，现在海里的状况很不乐观，可我们的很多亲戚还住在深海里。"多咪看着远方，似乎在回忆从前的事情。

"哦，因为没有办法一下子把他们全带上岸，所以你们一家就常常回海洋来旅行，尽量地动员更多的鱼儿离开这里？"

"是的。"说到上岸，多咪忽然兴奋起来，"卡拉塔我告诉你哦，在陆地上呼吸，和在水里完全不一样！陆地上的空气很纯净，完全没有海腥味，吸一口脑袋都要清醒很多！而且，陆地上还有很多跟海里不一样的动物，他们的腿都好细好细，比最小的鱼骨头还要细呢！"

卡拉塔当然知道在陆地上生活是什么样的感觉啦。但奇怪的是，多咪的描述还是令他感觉很新奇、很向往，似乎有一种难以描述的、暖暖的感觉正在全身慢慢地蔓延。

"我一定要上岸！我会努力的！"卡拉塔大声地说道。

多咪眨巴着圆圆的眼睛，看看上一秒还疲惫得像摊烂泥的卡拉塔，突然打了鸡血似的精神大振，不禁笑了起来。

看到多咪的笑脸，卡拉塔觉得浑身越来越热，尤其双颊，有一种火烫火烫的感觉。

"为什么这里的水温越来越高了？好像比我们刚来的时候高了好多！"卡拉塔有些慌乱地问道。

嘀嘀嗒也明显感觉到了水温在快速升高："看来，海底火山越来越不稳定了。"

"海底火山不会要爆发了吧？"卡拉塔的头上直冒汗。

"快跑啊！快跑啊！"正说话间，一群小鱼倏然朝他们游来。他们一个个惊慌失措地快速穿梭，织成了一张"鱼网"。

这群慌里慌张的小鱼，样子倒长得还挺有特色的：他们的体型前宽后窄，尾巴和鳍分叉都是歪歪斜斜的；他们的眼睛，则像是在扁平的脑袋两侧随意点上去的；在他们的身体上，还密密麻麻地覆盖着许多细小的齿状凸起，看着十分肉麻。显然，造物主在创造他们时，并没有花多少心思。

"一定有什么很可怕的东西在追他们，我们先找个隐蔽的地方躲一躲吧。"多咪凭借本能快速做出反应。

"没必要吧？你看这些鱼这么小，追击他们的动物，应该也大不到哪里去，嘀嘀嗒你说呢？"卡拉塔并没有觉得什么危险，

七 背上的熨斗和歪七扭八的鳍

他只想多歇会儿。

"嗯，这些是花鳞鱼，以他们为食的鱼类，都跟我们体型差不多，应该没有太大危险。"嘀嘀嗒十分在行地分析道。

"你看吧，我说什么来着。"有了嘀嘀嗒的理论支持，卡拉塔显然腰杆挺直了不少。

"但是，多咪说得也有道理，防患于未然嘛。"嘀嘀嗒做了个鬼脸。

卡拉塔翻了个白眼，不满道："你们看我歇一会儿，心里难受是吧？"

"哪有，不过换个安全点的地方，也是可以休息的嘛！"嘀嘀嗒边说边把卡拉塔扶了起来。

多咪找了几块小石子，在地上做了一个比较醒目的标记："这样待会儿爸爸妈妈就能找到我们啦。"说完，三个小伙伴就躲进了一个比较隐蔽的地方。

花鳞鱼们还在四下逃窜，不一会儿，几条身长一米左右、头顶和背脊都长满了尖锐粗糙齿状鳞的鲨鱼，就黑压压地冲进了他们的视野。

"噗……"看到这些鲨鱼，卡拉塔忍不住笑出了声，因为其中有一条的形状实在长得太奇特了，"嘀嘀嗒，你看那条鲨鱼的背上，怎么还背着个电熨斗啊？真是笑死人了！"

"什么是电熨斗啊？"多咪听到了一个完全陌生的词语，不禁好奇地问道。

卡拉塔正纠结着该怎么向多咪解释，机灵的嘀嘀嗒已经抢在他前面，煞有介事地开了口："多咪你也看到了，卡拉塔吧，没事他就喜欢胡思乱想，还常常臆想一些有的没的东西。电熨斗啊，就是他想象出来的一种武器。喏，形状就和这些胸脊鲨背上凸起来的背鳍一样。"

"哦，是这样的啊？卡拉塔，你可真有意思！"多咪用深情的眼神望了卡拉塔一眼，特别特别温柔地笑了笑。

多咪这种异样的神情，可把卡拉塔给着实吓了一大跳。

"嘀嘀嗒，多咪为什么突然用这种语气跟我说话？她，她不会是喜欢我吧？"卡拉塔满脸通红、结结巴巴地低声问嘀嘀嗒。

嘀嘀嗒秒变出一张八卦脸："你突然这么想，莫非？"

"才没有呢！"卡拉塔坚定地昂起头。

嘀嘀嗒却还是带着一脸的坏笑："那你紧张啥呀？我又没说什么。"

"你们在说什么呢？"见两个家伙在小声嘀咕，多咪觉得准没好事。

"没，没什么。"卡拉塔急中生智地指着远处正在追逐花鳞鱼群的胸脊鲨，"我们在说，那些胸脊鲨怎么只追花鳞鱼，不追边

七　背上的熨斗和歪七扭八的鳍

上那些尾巴像个歪嘴笑的小鱼呢？"

多咪的注意力立马被成功转移："哈哈哈，歪嘴笑这个形容，也是很别致了。"

嘀嘀嗒十分及时地开启了科普模式："是很别致。那些小鱼，叫尾骨鱼，他们体甲发达，肩棘中空，你们看到他们背上的那一条锯齿了吗？别看这些锯齿小，要是咬一口，嘴里肯定会被拉开一道口子的！"

"哦，难怪这些胸脊鲨不去咬他们。这倒是挺有意思的，我要好好观察一下。"卡拉塔装模作样地说道。

"是是是，我们好好地观察一下。"嘀嘀嗒的配合真是既默契又生硬。

不过多咪却并没在意他们古怪的语气，她十分警觉地四下张望了一番，提醒道："咱们别顾着玩了，你们注意到没，那些胸脊鲨的状态好像有些不对！"

八 静观其变

经多咪这么一说，嘀嘀嗒和卡拉塔立即变回正经脸，专心观察起了远处的情况。

只见那些胸脊鲨毫无章法地闯入花鳞鱼群中，有一些游得极快，有一些却歪着身子，一副身不由己的样子。大片的小鱼被他们的尾巴掀翻，有的甚至直接被拍晕，但奇怪的是这些胸脊鲨却并没有吃小鱼，而是继续没命地狂游着，有几条胸脊鲨甚至还没完全看清方向，就头对头重重地撞在了一起。

"这些鲨鱼的样子好诡异啊！"多咪若有所思道。

"是啊，你看这些小鱼明明都被拍晕了，可是胸脊鲨却一条都没碰。"卡拉塔也觉得不可思议。

几条相撞的胸脊鲨慢慢地沉了下来，最先落下的那条胸脊鲨在触碰到海底的沙地后，由于惯性缓缓地翻了个身。这时，触目惊心的一幕出现在了大家的眼前：这条胸脊鲨的一个侧身，已经被咬掉了一大块皮肉！清晰的鱼骨和部分内脏露了出来，强烈地冲击着大家的心灵。

"我的天呐！"多咪赶紧捂上自己的嘴巴。

卡拉塔终于反应过来："原来他们不是在捕猎，他们也是在逃难啊！"

刚才还嬉笑打闹的孩子们，瞬间变得高度警惕起来。

嘀嘀嗒冷静地朝更远的方向观察。忽然，他指着胸脊鲨游来的方向轻声喊道："你们看，那边又有一团黑影过来了！"

随着这团黑影的不断逼近，胸脊鲨们更加慌不择路，几条未曾受伤的转眼就游得不见了踪影，可那几条受了伤的胸脊鲨无论如何挣扎，却一直在原地打转。

黑影的轮廓渐渐清晰，这是卡拉塔和嘀嘀嗒再熟悉不过的猎食者了。一看到这种庞然大物，卡拉塔的胃里就条件反射般地一阵恶心："呕——，是邓氏鱼！"

眼前的邓氏鱼大摇大摆地游向毫无反抗能力的胸脊鲨。这一条的体型虽然没有卡拉塔之前遇到的那条那么大，但此刻在众鱼的眼中，也是十分可怕的混世魔王了。这条邓氏鱼优哉游哉地晃荡在几条胸脊鲨的周围，忽上忽下，时快时慢，有一搭没一搭地戏弄着受伤的胸脊鲨，活像个吊儿郎当的小混混，那样子讨厌极了。

"真是个变态！"多咪气愤地说道。

卡拉塔赶紧点头："就是！要不是亲眼所见，我还一直以为邓氏鱼只是贪食霸道呢，没想到他们还有这么扭曲的一面！"

几条可怜的胸脊鲨瑟瑟发抖地东躲西避，陪着邓氏鱼玩"猫

八　静观其变

捉老鼠"的游戏，他们无助而绝望的眼神，令多咪心怀侧隐："喂，两位天才，你们有什么打算没？"

"天才？"卡拉塔十分讶异，多咪竟然会这么称呼自己。

一定是那次的死里逃生，让多咪觉得我们与众不同。卡拉塔暗自想道。但是这次的情况不同啊，这里又没有鹦鹉螺壳可以利用。不过他急于表现，于是冲口提出了一个极不成熟的想法："你看现在邓氏鱼一门心思在捉弄胸脊鲨，要不我们就趁这个机会赶紧逃走吧！"

多咪立刻表示反对："那可不行，现在贸然出去，万一被邓氏鱼发现了，小命可就没了。"

"那你说怎么办？"

多咪坚决地说："留在这里！"

"啊？我们什么都不做，就这样干等着啊？"

"对，就在这儿等着。"嘀嘀嗒竟也应和多咪道，"现在卢卡叔叔和莎莎阿姨还没回来，标记还在那里，我们就这样离开的话，他们会以为我们出事了的。"

"那，就这么等着也不是个办法呀，多危险啊！"卡拉塔还是不放心。

"你不相信我吗？"嘀嘀嗒冲卡拉塔白了一眼。

卡拉塔知道嘀嘀嗒不会打没有准备的仗，但是面对如此恐怖的场景，还是很难让他安下心来。他结结巴巴地说："可是，可是，万一邓氏鱼发现了我们怎么办？就像上次那样？"

"不要慌张，多动动脑子。"嘀嘀嗒努努嘴，"你看到没，这些胸脊鲨里，只有一条是有高高的背鳍对吗？"

"是呀，那些个电熨斗，这和我们逃走有什么关系吗？难道砍下来当武器？"

卡拉塔还发着牢骚呢，多咪却已经明白了嘀嘀嗒的意思，她说："只有雄性的胸脊鲨才会有这种形状的背鳍，雌性是没有的。不过看这群胸脊鲨……哦，你是说……"

"没错，这里几乎都是雌鱼，雄性的只有一条，说明这只是他们群体中的一小部分，肯定会有其他雄鱼的大部队赶来营救他们的！"嘀嘀嗒的分析条理十分清晰。

"厉害啊，这都行的吗？"卡拉塔再一次被嘀嘀嗒敏锐的洞察力所折服，他如释重负地呼了一口气，"那就太妙啦，等到那个时候再趁乱溜走，完美！"

说着，卡拉塔又长长地伸了个懒腰，嘟哝道："哎呦，累死我了！看样子，这一时半会儿的也发生不了什么，那，我还是先趴下休息休息吧。"说完就倒头睡下了。

上一秒还是阴云密布、忧心忡忡，下一秒就变得艳阳高照、心宽神怡了。卡拉塔这种迅速到神奇的心态转化，令多咪十分佩服："你可真是个心宽的鱼儿啊！那我也休息一下吧。"说着，

八 静观其变

也找了个舒服的姿势趴了下来。

"看来你们是真的累了，先休息吧。这儿的情况我会看着的。"嘀嘀嗒倒是颇有大哥的风范。

"那就辛苦你啦。"多咪把下巴贴在海床上，瞥见嘀嘀嗒看起来很凝重的样子，忍不住又问："嘀嘀嗒，你怎么还是心事重重的？"

"说不上来，反正我有种不好的预感。"嘀嘀嗒皱着眉头。

"啊？什么不好的预感？你说具体一点。"卡拉塔听嘀嘀嗒这么一说，又倏地睁开眼睛，"每次你这么说都会出大事，我都怕了。"

"按理说，邓氏鱼是不会出现在这么浅的近海海域的。"

"可是，也会有特例的对吧？"多咪问道。

"你们还记不记得，艾登堡夫妇的孩子们，是被水中的重金属离子毒死的。"

"嗯，怎么了？"卡拉塔当然记得那对可怜的夫妻。

嘀嘀嗒深吸一口气："我怀疑，这些重金属离子，对邓氏鱼也产生了影响。"

"啊？那为什么我们没事呢？"

"因为邓氏鱼处于海洋食物链中的最顶端，小鱼吃海藻，大鱼吃小鱼，邓氏鱼吃大鱼，毒素一级一级地累积。"

"哦，所以就像错题一样，今天没搞懂一道，明天没搞懂一道，一个月以后，不会的题就会堆成一座小山。"

"没错，就是这个道理！"

"也就是说，这条邓氏鱼的这里已经出现了问题？"卡拉塔指指脑袋。

嘀嘀嗒点点头："不只是这里，他的身体里的其他器官应该也在衰竭。水温渐渐升高，食物链低端的生物又被重金属离子毒害，这对邓氏鱼都是极为不利的。你看这条邓氏鱼，发育得很不完全，游泳速度相对同类也缓慢太多，应该就是食物不足加上毒素累积造成的。"

"天哪，这样他还能把胸脊鲨咬成那样，邓氏鱼真是太可怕了！"

"谁说不是呢！"

"可是，你说的不好的预感，到底是指什么呢？"

嘀嘀嗒叹了口气："哎，也都只是我的猜测，先不说了，你们快休息一下，补充点体力吧。"

九　极速飞车

　　胸脊鲨的救援部队比嘀嘀嗒预估的要来得更快，数量也要多得多。

　　此时，卡拉塔和多咪还沉浸在睡梦中，嘀嘀嗒忽然感受到一股暗涌的水流不断袭来，只见邓氏鱼的身后蓦地冒出无数个小水泡，随后小水泡被一个个尖尖的脑袋划开，几十条胸脊鲨气势汹汹地朝着邓氏鱼游来。

　　嘀嘀嗒推了推两个酣睡中的小伙伴，尽量压低声音道："多咪，卡拉塔，快醒醒，快醒醒，胸脊鲨的大部队来了！"

　　"啊？"多咪瞬间清醒，迅速直起身子。看到远处成群的鲨鱼，她惊得嘴巴都长大了。

　　"别愣着，快叫醒卡拉塔！"嘀嘀嗒的双眼紧盯着前方的战况，一刻都不敢挪开。

　　"卡拉塔，卡拉塔——"多咪温柔地叫了两声。

　　听到喊声，卡拉塔迷迷糊糊地翻了个身，结果一个打滚，竟翻出了老远。

　　"哎呀！"多咪失声惊叫，"卡拉塔翻出去了！"

嘀嘀嗒急得想冲出去："这个令人头疼的卡拉塔哟，关键时刻尽掉链子。"

多咪一把拉住嘀嘀嗒："别急，我去，你看着那儿！"

嘀嘀嗒点了点头，转过身子，继续全神贯注地关注正在对峙着的邓氏鱼和胸脊鲨。

这时候，胸脊鲨的大部队全都到齐了，他们分成两波，一波徘徊在受伤的同类周围，另一波则迅速围成一个大圈，把邓氏鱼围在了中央。

起先，双方并没有太大的动作，只是不断地弄出些动静试探着对方：邓氏鱼张开瘆人的巨口，泛黄的眼珠咔咔地转着，阴翳的眼神一一扫过面前的每一条胸脊鲨，偶尔还猛地一甩大尾，企图寻找突破口；胸脊鲨们也不甘示弱，他们将头部的锉齿对准邓氏鱼，敌人稍有动静，他们就立马变换对应的阵型，严防死守。

多咪蹑手蹑脚地挪到卡拉塔身边，用力地把他往回拽："卡拉塔，快起来，我们得走啦！"

"让我再睡会儿……"卡拉塔嘟嘟囔囔，浑然不知周遭发生的一切。

多咪无奈地摇了摇头："嘀嘀嗒，我叫不醒他，你那里怎么样啦？"

九　极速飞车

"嘘——，还在对峙呢！"

"卡拉塔，来了好多鲨鱼，再不走我们就要被吃掉啦！"多咪凑近卡拉塔的耳朵低喊。这一招终于奏了效，只见卡拉塔一骨碌坐起来，左顾右盼道："在哪里？在哪里？鲨鱼在哪里？"

"喏喏，那边！"多咪说着，又转向了嘀嘀嗒，"他们这会儿不会注意到我们的，要不还是抓紧走吧？"

"不行，时机还没到。现在双方对峙，我们贸然出去，更容易成为两边的猎物。"嘀嘀嗒仍然一脸的镇定。

"咳，你说他们怎么还不打起来啊？按理说，只要邓氏鱼拼死挣扎，肯定能从这些胸脊鲨中杀出一条血路的。"多咪表示很不理解。

"可能是因为胸脊鲨数量太多了吧？"卡拉塔向前方张望了一番，一条鳍煞有介事地捧起了下巴，"邓氏鱼一不留神就有可能被咬掉尾鳍或腹鳍。到那时，失去行动能力的他，即使头骨再坚硬，也难逃一死了。可是这么有优势，胸脊鲨为什么不先进攻呀？"

"大概也是怕做无谓的牺牲吧。毕竟是邓氏鱼，一旦交手，伤亡就在所难免，到时候，伤的比救的还多，那就划不来了。"嘀嘀嗒分析道。

"我感觉，这条邓氏鱼凶多吉少，看这些胸脊鲨的架势，是肯定要给他好看了。"卡拉塔似乎有些担心那邓氏鱼的处境。

"哼，早该这样了。邓氏鱼横行霸道这么久，也该给他们点厉害看看了！"多咪显得义愤填膺。

海水的温度越来越高，海底的沙地越来越烫，卡拉塔突然感觉贴着沙地的肚皮好像被烙烫了一下，疼得他大叫一声："热死了！热死了！"

多咪和嘀嘀嗒赶紧扑过来捂住卡拉塔的嘴。

可是，这突如其来的一声大叫，不仅让多咪和嘀嘀嗒惊出了一身冷汗，也令僵持之中的邓氏鱼骤然狂躁起来，只见他突然卸下对胸脊鲨的警惕，把头恶狠狠地转向了卡拉塔所在的方向。

这一瞬间的松懈，恰恰给了胸脊鲨绝好的出击机会。几条胸脊鲨仿佛同时接收到号令一般，齐刷刷地冲上去，用头部和背鳍死命抵住邓氏鱼的颈部和肚子。邓氏鱼突然遭袭，猛烈挣扎起来，两条胸脊鲨眨眼间就被重重地甩出老远。

然而，后面的胸脊鲨并未退却，而是立马补上了空位，继续用力地甩动尾巴，协力控制住邓氏鱼。这样一波接一波，一波接一波，邓氏鱼的体力终于渐渐不支，而加入控制队伍的胸脊鲨却越来越多。

胸脊鲨的尖齿和邓氏鱼的硬骨摩擦在一起，刺——刺——刺——，就像放大版的指甲剐蹭黑板的声音，尖厉而又刺耳，

九 极速飞车

听得卡拉塔和他的两个伙伴都汗毛直立。

"咦——好恐怖的声音！"三个小伙伴都情不自禁地抱住了自己的头。

突然，从鱼群里蓦然游出两条体型较大的胸脊鲨，他们咧开血盆大口，对准邓氏鱼没有被硬骨覆盖的尾巴和腹鳍一顿胡乱撕咬。刹那间，鲜血从邓氏鱼的身上喷涌出来，在海水中氤氲成了一朵不断变大的红云。被撕碎的腹鳍，就像掉入水中的落叶，随着水波漂摇而去。邓氏鱼疼得浑身抽搐，他张大嘴巴，不断地用力咬合，拼命地抖动着还粘连在身上的半截腹鳍，但这一切都已无济于事。

三个小伙伴傻傻地愣在原地，都被眼前这一幕残忍的景象惊呆了。

即使是罪有应得，这样的处罚未免也太过残酷了吧？

"看，卢卡，他们在这儿呢！"三个小伙伴正在愣神之时，背后忽然传来莎莎又惊又喜的声音。

原来，觅食回来的卢卡和莎莎看到邓氏鱼和胸脊鲨正在酣斗，而不远处的沙地上留着孩子们做下的石头标记，就猜到机灵的孩子们一定躲在了附近哪个安全的地方。他们找啊找啊，终于在不远处的一条石缝里发现了三个孩子的小身影。

"你们还有闲情在这里看戏吗？还不快走！"卢卡又气又急，

忍不住呵斥道。

"爸爸！"多咪一回头看到父亲，惊喜地扑过去拥抱卢卡。

"叔叔！阿姨！"卡拉塔和嘀嘀嗒也拥了上来。

"好了好了，先别腻歪了，大家快走吧！"莎莎催促着大家。

忽然，一股无形的气浪随着水波汹涌袭来。海床开始剧烈地晃动，大家的双腿都像拨浪鼓一样打起颤来。

"好——呃——哦——"多咪正想来一声娇滴滴的回答，可一个"好"字刚说出口，就变成了颤颤巍巍的几个长音。

"扑哧——扑哧——"夹着高温气体的水流从深海涌来，速度之快令人猝不及防。

"不好，是热流！"嘀嘀嗒率先反应过来，他使出吃奶的力气摇摆尾巴，边跑边喊，"大家快跑！"

莎莎拽着多咪，拼命地往前游。而卡拉塔却晕乎乎地用腹鳍在地上爬。

卢卡叔叔着急地冲过来，一把将他拱到了自己的背上："都什么时候了？还爬！"

"嘭——，嘭——，嘭——"

轰隆声越来越响，海草、珊瑚、礁石以及无数的鱼类被这股热流挟带着，漫无目标地冲向四面八方，各种碎片从他们身边唰啦唰啦地掠过。

卡拉塔牢牢地抓住卢卡叔叔的背鳍，脑袋和脖子紧紧缩成了一团。

天哪，一定是海底火山要爆发了！无数个可怕的念头在卡拉塔的内心飘过，他忍不住抱怨道：嘀嘀嗒你个笨蛋老鼠，怎么还不吹哨子呢？快吹哨子吧，求求你了，什么刺激不刺激的，保住小命要紧啊！

强劲的热流首先席卷了邓氏鱼与胸脊鲨的战场，刚才还像城墙一般聚成一团的胸脊鲨们瞬间被击垮，被冲得东飞西撞。

"啪——"

一声巨响，一条半边身体被烫得起泡的胸脊鲨，直挺挺地摔在了距离卡拉塔不到半米远的地方。成排的尖牙直冲着卡拉塔的脑袋。

"啊啊！啊啊！"卡拉塔吓得尖叫起来，已全然不顾什么风度不风度的了。

"咚——"

又一声巨响，另一条失去意识的胸脊鲨被热流冲过来，不偏不倚地撞向惊魂未定的卡拉塔，瞬间就将他从卢卡叔叔的背上撞飞了出去。

"卡拉塔——"卢卡忽然感受到背上的重量瞬间失去，大叫一声，赶忙朝着飞离的卡拉塔追去。

不远处的嘀嘀嗒听到了这边的动静，也立马改变方向朝卡拉塔游来。

不好！嘀嘀嗒看到又一条浑身是泡的胸脊鲨从远处疾速飞来，眼看又要撞上卡拉塔了！嘀嘀嗒未加思索地猛然发力，毅然朝那条胸脊鲨飞身撞去。"叭——"随着一记猛烈的撞击，胸脊鲨的飞行轨迹被瞬间改变，卡拉塔再次避免了危险，而嘀嘀嗒却被撞出了很远很远。

"嘀嘀嗒！"卡拉塔焦急地呼唤着，眼看着嘀嘀嗒离自己越来越远，急得他拼命扑腾。但是划了没几下，另一边又传来多咪的尖叫声："爸爸——，妈妈——"

卡拉塔一回头，发现多咪和莎莎也被一条烫伤的胸脊鲨撞得不见了踪影。

"卢卡……"水中隐约飘荡着莎莎的声音。

卡拉塔瞬间大脑短路，呆在原地。

"快抱紧他的肚子！"这时卢卡忽然出手，狠狠地把卡拉塔推向漂在附近的一条早已没有了意识的大胸脊鲨，然后声嘶力竭地喊道，"卡拉塔，记住，一定要想办法上岸去！"

慌张失措的卡拉塔赶紧抓住眼前那条胸脊鲨的腹鳍，紧紧地把身体贴了上去，一阵不祥的感觉掠过他的心头，他颤声问道："卢卡叔叔，你，你要干吗呀？"

九 极速飞车

海水迅速浑浊起来，卡拉塔几乎看不清卢卡的方位，只听见那个浑厚而坚毅的声音从不远处传来："我得去找她们！卡拉塔，万一我没回来，你一定要替我转告我的莎莎和多咪，我爱她们！"

这声嘶力竭的呐喊，是一个丈夫、一个父亲在面对未知未来的时候，流露出来的对家人深深的眷恋啊。

"不要！不要！"卢卡叔叔的喊声顿时勾起了卡拉塔对父母的思念，他泪奔着哭喊道，"您还没带我们上岸呐！这话您自己去跟莎莎阿姨和多咪妹妹说！"

就在这时，又一股更加强烈的热流袭来，卡拉塔还没反应过来，就仿佛被带上了一部"极速快车"。从未体验过的速度和难以忍受的高温令他心跳骤然加速，面部不受控制地变形成了一副龇牙咧嘴的模样。

"卡拉塔，勇敢起来！"卢卡叔叔的声音越飘越远，卡拉塔害怕得想放声大哭，但刚一张嘴，一块飞来的鱼鳍就堵在了他的嘴上。

"呸！呸！呸！"卡拉塔一阵恶心，狠命地吐出鱼鳍，闭上了嘴巴。他鼓着腮帮子，眼里噙满了泪水，大脑却像个万花筒似的，闪过无数乱七八糟的念头：

要是在老师办公室里，不要那么冲动就好了……

要是平时少对爸爸妈妈乱发脾气，多听他们的话就好了……

要是昨天晚上再多吃几块红烧肉，把肚子填得更饱一点儿就好了……

要是把放学路上看到的那只小猫咪，及时将它送到流浪动物站就好了……

要是出门之前，再多查查资料就好了……

要是变成提塔利克鱼后，多练练游泳和爬行的本领，不要老想着玩就好了……

要是刚才早点醒过来，早一刻钟带着多咪和嘀嘀嗒离开这里就好了……

要是……

这些杂乱到根本没有逻辑的念头，使卡拉塔分散了注意力，刚才那种恐惧感也暂时被抛到了脑后。

十 黎明前的黑暗

热流渐渐减弱了。

本以为终于躲过一劫的卡拉塔，万万没想到又一条胸脊鲨的遗体从天而降，重重地压在了他的身上。

"呀——，啊——"卡拉塔弯起鳍，用力撑住沙地，想把沉重的胸脊鲨从背上挪开。可是任凭他怎么使出吃奶的力气，都没有办法让自己的肚子离开地面。

他被紧紧地压在了胸脊鲨的下面！

"救命啊！救命啊！"卡拉塔昏昏沉沉地喊了两声。刚才那番惊心动魄的"极速飞行"，早已使他精疲力竭。

海水仍然一片浑浊，周围什么都看不清楚。

不行，要沉着！要沉着！卡拉塔不断地告诫着自己。渐渐冷静下来后，他尽量把身体摆成一个舒服的姿势，开始闭上眼睛养精蓄锐。

不知过了多久，水里的杂质慢慢沉淀下来，卡拉塔也恢复了一点体力。他抬起头，看看天色已经变得有些焦黄，才发现这里距离水面似乎并不太遥远，这说明自己已经身处在临近陆地的浅海区了！

周围静悄悄的，卡拉塔看了看两旁，好像有不少鱼儿正侧身躺在沙地上睡觉，那些白花花的鱼肚子在夕阳的余晖下显得格外醒目。

那条倒霉的胸脊鲨还死死地压在卡拉塔的身上，他艰难地侧过脸，贴在沙地上大口喘着气。

好奇怪呀，天还没黑呢，这里的鱼儿怎么都睡得这么沉了呢？卡拉塔盯着那些鱼肚子看了好一会儿，忽然觉得不对劲儿：睡梦中的鱼肚子应该是一起一伏的，不停呼吸的，可是这么长时间了，他们居然都纹丝不动。莫非，这些鱼儿早就已经死了？！

突如其来的恐惧和不安，激发了卡拉塔强烈的求生欲望，他开始用力地刨挖沙地。本已伤痕累累的鱼鳍，被这么一折腾，顿时又变得鲜血淋漓。但卡拉塔似乎早已忘记了疼痛，不停地刨呀挖呀。

功夫不负有心人，面前的沙地终于被他刨出了一个小坑，他艰难地挪动尾巴和靠近尾部的偶鳍，费了九牛二虎之力，总算从胸脊鲨的下面钻了出来。

终于解放啦！卡拉塔情不自禁地闭上眼睛，享受起了片刻的轻松。

　　可是一睁开眼，这种短暂的轻松感立马消失，眼前的惨象令他两腿发软，直接瘫倒在地：茫茫的沙地上，横七竖八地躺着无数大小鱼类的尸体，有些身躯还算完整，有些却只剩下半个躯干，海草缠绕在断裂的礁石上，破碎的珊瑚和贝壳充塞在鱼群之间，目光所及之处，是一片狼藉。

　　"嘀嘀嗒——，多咪——"

　　"卢卡叔叔——，莎莎阿姨——"

　　卡拉塔颤抖地趴在地上，绝望地呼喊着，眼泪早已不争气地在眼眶里打转。

　　四周一片寂静，除了卡拉塔自己的回声，就只有静谧的水声。那些被突如其来的热流夺走生命的鱼类，翻着白花花的眼珠子，仿佛在控诉这莫名其妙的灾难。也许在临死的时候，他们都没搞清楚到底发生了什么。

水温依旧很高，但卡拉塔却感觉到一阵阵的凉意。

"嘀嘀嗒——，多咪——"卡拉塔用力地揩去眼泪，大声地呼喊着。他不知道自己的呼喊到底有没有用，但是他就是不能停下来。

忽然，几米开外传来一丝动静，卡拉塔赶紧扒开挡在面前的杂物，满怀希望地朝前望去。

"啪咔——"原来是一只海贝打开硬壳探出了头。

卡拉塔失望地耸耸鼻子，有点心酸。不过，他深吸一口气，很快又调整了心态。他对自己说，我可以找到他们的，一定可以，他们也会来找我的！

他继续呼喊起来，孤寂的喊声在海水中久久回荡，一些陌生的小鱼在呼声中苏醒过来，但谁也不知道嘀嘀嗒、多咪、卢卡叔叔还有莎莎阿姨在哪里。

即便这样，卡拉塔也没有放弃，只要一有动静，他就立马扑过去。遗憾的是，等待他的，是一次又一次的失望。

渐渐地，沙地上的小动物多了起来，大家都在焦急地寻找着劫后余生的亲人。

看到这一切，卡拉塔的心中又燃起了希望之火，他一边呼唤着一边继续寻找。

一条身披盔甲的鱼儿拖着长长的尾巴，大摇大摆地游了过来，他只有卡拉塔的一半大，不仅没有腹鳍，胸前还长着一对套着硬壳的“翅膀”。这条模样奇特的鱼儿上下打量着卡拉塔，突然开口问道：“你，是叫卡拉塔吗？”

卡拉塔看他这个架势，感觉不是什么善茬儿，便小心翼翼地回答：“对的，我叫卡拉塔，你是？”

那怪鱼既嘚瑟又懒散地说道：“我是谁，你别管。那边有鱼找你，跟我走吧！”

“有鱼找我？谁啊？”卡拉塔的心狂跳起来，不过他觉得还是小心为妙。

那鱼挤了挤两只小眼睛，咂嘴道：“你怎么这么多废话呀，跟我来就行了。”

“那不行，我不认识你，不能随便跟你走！”卡拉塔对这鱼的第一印象就不好，眼睛瞪得像铜铃一样大。

谁知这条带着“翅膀”的怪鱼竟扑哧一声笑了起来：“小伙子危机意识还挺强的嘛，你都比我壮实这么多了，还怕我吃了你不成？”

卡拉塔噘起了嘴：“反正你不说清楚，我是绝对不会跟着你走的。”

带“翅膀”的怪鱼拗不过他：“好好好，告诉你吧，是你的家人让我来找你的。”

"家人？"卡拉塔的心嗵嗵嗵地狂跳着，但他依旧保持着警惕，"那你说，他们叫什么名字？"

"名字？哎呀，我给忘了！不过长得都和你差不多，两个大的两个小的，那个小姑娘，好像叫咪什么的？"

"是不是叫多咪？"卡拉塔再也忍不住啦，虽然眼前的这条怪鱼看起来没个正经样儿，但是他能说出这些细节，说明他一定知道嘀嘀嗒和卢卡叔叔一家的下落！

"对对对，还有个看起来挺聪明的男孩儿，好像叫嘀嗒嗒还是啪啦嗒什么的。"

"是嘀嘀嗒！"卡拉塔纠正道。

"嗯嗯，我想起来了，那个带头的老大，老阴着个脸的，应该是叫卢卡。这个我总说对了吧！"那鱼兴奋地说道。

"嗯，还有一个阿姨是不是叫莎莎？"卡拉塔突然觉得，这吊儿郎当的怪鱼，看起来傻里傻气的，甚至还有些可爱呢。

两条鱼艰难地对了半天名字，总算接上头了。

"那咱们走吧。"带"翅膀"的鱼儿开心地在前面带起了路。

"唉，你等等我呀！"卡拉塔屁颠屁颠地跟了上去。

莫名地，卡拉塔对这个傻里傻气的鱼儿有点喜欢起来。一路上，他仔细地观察起了对方：这条鱼的头部和胸部，都套着一个和蟹壳有些相像的小壳。小壳是由许多小骨板合成的，上面有弯曲的细沟；六边形的头甲中央，挤着两个小小的眼睛；胸鳍分为两节，中间有关节相连，向后超过躯甲长度；头甲和躯甲背壁还有V字形的槽沟。

卡拉塔入神地观察着怪鱼身上那个铠甲的形状，不知不觉就跟着他绕到了一块大岩石背后。

"卡拉塔！卡拉塔！"一阵欢悦的喊声在耳边响起，嘀嘀嗒第一个冲了过来，激动地将卡拉塔一把抱住。

"你总算来了！真让我们担心死了！"多咪、莎莎，还有卢卡叔叔也簇拥过来。

"你们都在啊！太好了！呜……"卡拉塔喜极而泣，委屈地嚷嚷道，"你这个坏嘀嘀嗒！为什么不来找我？你们都在这儿，为什么不来找我？！"

"好啦好啦，这不是找到你了嘛。"莎莎安慰道。

多咪举着两只鳍："而且我发誓，我们可是找了你好久的哦！可你不知跑哪里去了，我们根本找不到你啊。"

"是啊，要不是小沟帮忙，别说找你了，我们几个都还没凑到一起呢！"

"小沟？原来你叫小沟啊！"卡拉塔冲那条怪鱼睨了一眼，心想，嘿嘿，刚才你还故弄玄虚不肯告诉我名字呢。

十 黎明前的黑暗

"嗯。"小沟不好意思地笑笑，"那你们先聊，我再去帮一下别的鱼。"说完，又朝着一片狼藉的沙地游去。

"好了，大家都累了，赶紧休息一下。我和莎莎去找点吃的来，咱们休整好了，明天上岸！"卢卡叔叔还是保持着一贯的大将风范。

"你们就老老实实在这里歇着，可别再乱跑啦！"莎莎温柔地叮咛道。

"知道啦——"孩子们齐声回答。

卢卡和莎莎前脚刚走，卡拉塔的好奇心马上又上来了，他揽过嘀嘀嗒，小声地问："刚才带我过来的那条是什么鱼啊？怪好玩儿的。"

"哦，你还不知道啊？"嘀嘀嗒看了卡拉塔一眼，"那是沟鳞鱼，可爱吧？不过也和其他鱼一样，太满足于安逸。刚才卢卡叔叔劝了好久，他就是不肯跟我们走。"

"走？——你说上岸啊。"

"是呀，他说这里是他的家乡，他只想一辈子都待在这里。可海里的情况你也看到了，海底火山随时都会爆发的。"

"这都发生了这么严重的情况，他难道连一点危机意识都没有吗？"

"他觉得这只是暂时的，没啥大问题。他还说，他的祖祖辈

十 黎明前的黑暗

辈都这样，不也过得挺好的。"

"唉，大家都这么愚钝，卢卡叔叔一定很伤心。"

"可不是嘛，这次的热流就是海底火山爆发的前兆。"

"哦！我想起来了，你之前老说有不好的预感，不会就是指这个吧？"

嘀嘀嗒十分肯定地点点头："就是这个。"

"啊！"卡拉塔嘴巴都长大了，"这么危险的情况你都预料到了，怎么还不吹哨子带我回家？！"

"可我们都已经到这里了，不上岸看看，你甘心吗？"

"也是哦。"卡拉塔下意识地点着头，不过仍是心有余悸，"但你知道刚才有多危险吗？这么烫的热流，要不是胸脊鲨挡着，我差点就变成泡泡鱼了！"

"放心啦，你有卢卡叔叔照应着，不会有事的！"嘀嘀嗒显得胸有成竹。

"喊！你心真大。刚才热流冲过来的时候，卢卡叔叔自己也被冲走了呢！"卡拉塔埋怨着，但很快又激动地搓起了鱼鳍，"哎哟，想到明天就要爬上岸了，我就兴奋得不行！嘀嘀嗒，你说我现在这个样子上岸，是不是可以算弹涂鱼大叔的祖宗啦？"

"哟，你还有心思开心啊。明天呀，别哭着鼻子吵着要回水里就好喽！"嘀嘀嗒板着脸吓唬道。

"啊？为什么你说得好像很艰难的样子？你看卢卡叔叔的魔鬼训练我都挺过来了，用鳍在陆地上走两步，总应该是小意思了吧？"

"既然你这么有信心，那就最好了，明天可千万不要让我失望哦！"

十一　临门一脚

第二天，天刚蒙蒙亮，卡拉塔就被一阵长长短短的咕噜声给吵醒了。他睁开迷蒙的睡眼，看到不远处的多咪正缩着个身子，漂在水面上。

他感到十分好奇，便轻手轻脚地游了过去，突然大喊一声："嘿，多咪！"

多咪正仰面浮在水上，全神贯注地感受着空气，那冷不丁冒出来的叫声着实把她吓了一跳。她钻回水中，娇嗔道："你这个坏蛋，吓死我了！"

看到自己的小招数得逞了，卡拉塔有些小得意："哈哈，胆小鬼，你在干什么呢？"

"我在练习用肺呼吸啊。"

对哦！卡拉塔拍拍脑袋，我怎么把这件事给忘了：鱼是通过鳃里的鳃丝从水中获取氧气的；而到了陆地上，会长时间接触不到水，那就得用肺来呼吸了。

多咪闭上眼睛，重新调整好呼吸，打算继续练习。

"那个，你是怎么用肺呼吸的啊，能教教我吗？"卡拉塔支支吾吾地说。

多咪睁开眼睛，坏笑地看着他："你，不会用肺呼吸？"

"开玩笑，怎么可能！我当然会啦！"卡拉塔昂起头，心想，我可是在陆地上生活的人啊，难道还不会用肺呼吸？！不过，他不能随便暴露身份，怕吓坏了可爱的多咪，于是只好说："我只是想和你交流一下，看看大家用的方法一不一样嘛！"

多咪却一眼就看出来了卡拉塔在嘴硬，故意别过头："是吗？那我觉得自己的方法挺好的，我们就各自用各自的吧，没啥好交流的。"

卡拉塔急了："哎呀，好啦好啦！就当我不会，说一下嘛！"

"什么叫就当？不会就是不会！"多咪见卡拉塔终于认输了，就没再继续逗他，"来吧，你可要听仔细了。"

"嗯嗯。"卡拉塔赶紧点头。

"呐，你看清楚了，先深吸一口气，再屏住鳃片，让气体从头上的小孔慢慢地排出去，然后长长地吐一口水，依旧屏住，注意不要煽动鳃片，用头上的小孔将空气吸进来……"

"听起来，还蛮简单的嘛。"卡拉塔偏着脑袋，深深地吸了一口水，紧紧憋住鳃片，试着用感觉去寻找身体与外界连通的小孔。

可是，听起来容易做起来难啊！作为人类，用肺呼吸感觉是特别理所当然的事情，但现在变成了鱼，再要用肺呼吸可就手

十一 临门一脚

忙脚乱了。卡拉塔只觉得气体在身体里蹿来蹿去，五脏六腑都要憋炸了，却还没找到出气的小孔。

"啊！我实在憋不住了，咕噜噜……，咕噜噜……"卡拉塔实在憋不住啦，一张口，就灌进了满肚子的水，"呕——，呕——，你说的小孔在哪里啊？"

"哎呀，你注意力要集中，我说的是吸口气，是吸空气，不是让你在水里吸气啊！"

"好好好，我的错我的错，那我再试一次。"说着，卡拉塔把头露出水面一点点，脑袋刚好暴露在空气中。然后他闭上眼睛，慢慢地感受着气流。

在卡拉塔的记忆中，清晨的风是本该有些微凉的，但泥盆纪的海风却是热烘烘的。他缩紧身子，屏住嘴巴和鳃片，猛地一吸，一股暖暖的气体瞬间从头部涌入体内，确实和多咪说的一样，没有细沙泥土的空气清新舒爽。不一会儿，这些气体就流遍了全身，卡拉塔再稍一用力，又把气体从头顶上的小孔排了出去。

"哇！我做到了诶，肚子一点都不涨，这种感觉好舒服，好神奇啊！"兴奋的卡拉塔连试了几次，一次比一次更加熟练。

"你看，我就说简单吧，我会用肺呼吸啦，啊咳咳咳……"卡拉塔兴奋得有些忘乎所以，一个不小心又呛了一大口水，咸咸的海水哗啦啦地涌进肺里。

"你看吧，得意什么呀，你还需要多练习呢！"多咪帮卡拉塔拍背。

卡拉塔虽然呛得脑袋缺氧，但心里还是挺得意的：哼，嘀嘀嗒这个不讲义气的坏鼠，这么重要的事情，居然都没告诉我，还是多咪待我好。我要抓紧练习，待会儿一定要让嘀嘀嗒吓一跳！

天色终于完全透亮了。已经可以十分自如地用肺呼吸的卡拉塔，怀着激动的心情跟随大家一起游到海岸边，准备上岸。

卢卡开始给大家做行前部署："我们今天的目的地，是海岸小树林里的小河。大家一会上岸之后，记得把鳃屏住了，用小孔呼吸。"

"好的，没问题！"卡拉塔骄傲又响亮地回答。

"哟，卡拉塔，你会用小孔呼吸了啊？"嘀嘀嗒正在为忘了提前教会卡拉塔用肺呼吸而暗自懊悔呢，听他这么说，绝对是又惊又喜。

"当然啦，我，没问题的！"卡拉塔得意地抬抬下巴。

"很好，那我先上去，大家跟着我走就行了。"卢卡说着，四鳍和尾巴同时发力，轻松一摆，就帅气地从水中跃出，像一支离弦之箭向岸上射去。

十一 临门一脚

紧接着是莎莎和多咪，他们也几乎同时跃起，虽然动作不如卢卡那般矫健，但也都干脆利落地上了岸。

轮到嘀嘀嗒和卡拉塔了，卡拉塔非常自信地嚷："我先来！"

只见卡拉塔憋红了脸蛋，学着卢卡叔叔的样子，四鳍一划，尾巴一摆，试图纵身跃起。但遗憾的是，他的力量完全没有用到位，结果啪嗒一下，一头栽回了水中。

嘀嘀嗒忍不住放声大笑："哈哈哈哈，我看你还是老老实实地爬上岸吧。"

卡拉塔撇了撇嘴："哼，人家是第一次好不好！"

"哦，那你慢慢来，我先上去啦。"说完，嘀嘀嗒一个漂亮的甩尾，飞身跃上了海岸。

"你们等等我呀！"卡拉塔焦急地滑动鱼鳍，一边努力向岸上爬去，一边还不住地安慰自己，"哎呀，反正都是上岸嘛，爬又有什么关系？只要能上去，怎么都行的。"

"哗啦——，哗啦——，"费了九牛二虎之力，卡拉塔终于爬上岸来。

这时，他才终于理解了卢卡叔叔之前的良苦用心。失去了水的浮力，鱼鳍要支撑的重量就好像突然多了好几倍，每走一步都比在水下要艰辛得多。但这还不是最令卡拉塔痛苦的事情。

耀眼的太阳炙烤着大地，灼热的沙滩就像燃烧着的红碳，没

　　走几步的卡拉塔，刺痛就从鱼鳍传遍了全身。他感觉眼前的热浪已经模糊了视线，身上的水分正一点一点地消失，皮肤变得干燥刺痛，鳃片和鳃丝更是不听话地黏在了一起。

　　剧烈的疼痛使卡拉塔忘记了用小孔呼吸，他张大嘴巴拼命地吸气，可这更加速了身体的缺氧，他感觉大脑越来越痛，意识也逐渐模糊。没坚持多久，他就眼前一黑，一头栽倒在了沙滩上。

"卡拉塔！卡拉塔！"

远远注视着卡拉塔一举一动的嘀嘀嗒最先发现了情况，赶紧大声呼救，卢卡一家闻讯，立即折了回来。

"快，大家一起把他推回水里！"卢卡大声指挥着，率先冲到了卡拉塔身边。

大家齐心协力抱住快要昏迷的卡拉塔，一起跳进了海水里。

被及时送回到水中的卡拉塔立马本能地张嘴呼吸，干涸的鳃片湿润重新湿润起来。

"咳！咳！咳！"从水中得到足够氧气的卡拉塔，感觉好像从万丈深渊中被人拉起。他紧紧地抱住嘀嘀嗒，满眼都是惊恐："我不要上岸了！我不要上岸了！"

莎莎游过去安慰道："卡拉塔，别害怕，只要多忍耐一下，那种难熬的感觉就会过去的，我们都这样经历过的。"

"是啊，要不你再试一下，就像用肺呼吸那样，一开始不行，多试几次就好了。"多咪也劝说着。

卡拉塔却一动不动，他的心里很清楚，这种窒息感和呛几口海水是完全不一样的。

他望望嘀嘀嗒，内心开始纠结起来。是啊，只要嘀嘀嗒吹一吹哨子，自己就完全可以不再遭这份罪了；但是，卢卡、莎莎和多咪怎么办呢？他们为了我，已经浪费了太多时间，如果我

和嘀嘀嗒现在突然消失，那怎么对得起他们啊！

"让他静一静吧，等晚上太阳落山，岸上不那么炙热的时候，我们再出发行吗？"嘀嘀嗒显然读懂了卡拉塔的心思，便用了一招缓兵之计。

"不，嘀嘀嗒，我们别再耽误他们了。"卡拉塔忽然下定了决定，他挪到卢卡面前："卢卡叔叔，谢谢您这一路上的照顾，我想好了，我不走了，你们多保重。"

"不走了？你想好了？"卢卡的表情十分凝重。

一旁的多咪着急了："卡拉塔你说什么胡话呢，我们说好要一起上岸，去寻找新家园的呀！"

"我们只是路上寂寞了，结个伴而已，可没过说要一起寻找家园。"卡拉塔的态度忽然变得十分冷淡。

"你！"多咪的眼眶霎时变红。

莎莎见女儿红了眼眶，心疼地安慰道："宝贝，卡拉塔刚刚清醒过来，说胡话呢，别在意。"

"我可没说胡话，脑子清醒得很呢！"卡拉塔决绝地说道。

"走！我们走！本来也就是个顺路的而已！"多咪愤怒地拖着卢卡和莎莎，转身离去。

十二　又见艾登夫妇

　　望着卢卡一家远去的背影，卡拉塔慢慢缩起了身子："嘀嘀嗒，我们回去吧。"

　　"把人家气跑了，你满意了？"嘀嘀嗒悠悠地说道。他很清楚卡拉塔刚才为什么要那样做。但是上岸的目标眼看就要实现，他总还是有些不甘心，"你真的不要再试试吗？保证日后不会觉得遗憾？"

　　"不遗憾了，刚才我也算是上过岸了。"

　　"你也能算上岸？就待了几秒钟便昏倒了。"

　　"不然你希望怎么样？看着我晒死在沙滩上吗？"卡拉塔沮丧地低下头。

　　嘀嘀嗒无奈地摇了摇头："算了，反正要不要留下来，最终我都是听你的选择，如果你决心已下，那我吹哨子啦？"

　　"等一下！"卡拉塔脱口而出。

　　"又怎么了？"

　　"再让我看看这片大海。"卡拉塔长长地叹了口气。

　　"好吧。"嘀嘀嗒知道卡拉塔想一个人静一静，便径自游开了。

卡拉塔凝望着茫茫无边的海水，心里充满了纠结。在他的内心深处，对于上岸其实仍然抱有向往，毕竟努力了这么久，受了这么多的伤，吃了这么多的苦，经历了这么多的磨难，忽然放弃实在有些不甘；但刚刚的痛楚，又令他心有余悸。

刺眼的阳光渐渐变成了焦黄色，浑浊的海水里硫黄味越来越重，温度也不断攀升，许多鱼儿都变得懒洋洋的，茫然地窝在礁石缝里，等待着未知的命运。

这时，一个轻柔而充满活力的声音，忽然出现在卡拉塔的耳边："是卡拉塔吗？"

卡拉塔缓缓睁开眼睛，看到一条巴掌大的鱼正缓缓地游向他。望着她那熟悉的身影，卡拉塔不禁一阵惊喜："米娅，你怎么在这儿？！"

米娅仿佛换了个人似的，完全没有了往日的沮丧和幽怨，只见她容光焕发得就像刚出嫁的少女，而语气则变得既温柔又稳重："我们也不知道怎么回事。昨天我和艾登，还有我们的孩子们正在珊瑚礁里睡觉，突然周围一阵剧烈的晃动，等到重新安静下来的时候，我们游出珊瑚礁，就发现已经到这里来了！"卡拉塔瞬间明白了，肯定是热流将珊瑚礁整个儿都冲到了这里。

"米娅，你刚才说，你们的孩子？"卡拉塔惊讶地张开了嘴巴。

这时，不远处的艾登正带着两条小鱼游过来。

"啊，太好了！真是恭喜恭喜啦。"卡拉塔由衷地为他们开心。

"这都要感谢你那个叫嘀嘀嗒的小伙伴啊，要不是他给的建议，我还根本没有想到可以这样来保护我们的孩子呢。"艾登高兴地贴着米娅，幸福的笑容能把人给甜死。

"所以，你们真的把小鱼养在肚子里了？"

"对啊。"米娅兴奋地说，"一开始疼得真的是不行，小家伙在我的身体里一天天长大，把我的骨头都要撑断了，有好几次，我都疼晕过去了。"

"天哪，这么艰难，你是怎么挺过来的呢？"

"这个嘛，当然因为有艾登的支持，有对宝宝们的期待，有对未来的憧憬……，不过最重要的，还是你那个冷脸叔叔对我说的一句话。"

"卢卡叔叔？他说了什么？"

"'放弃是最没有意义的挣扎'。"

"这话听上去好玄妙噢。"

"是啊，我一开始根本没用心听，也没有听懂，觉得他不过是随便说说的，但是，当我决定怀宝宝的前一天，我突然想明白了。"

"嗯？"

"你也知道，当时我真的是很渴望有自己的孩子，每天都沉浸在煎熬里，我真的是难过极了。但更加让我难过的是，因为害怕使得我犹豫不决。这种内心的挣扎完全否定了我之前的努力，明明内心想要，为什么要被恐惧所阻挡呢？"

卡拉塔低下头，慢慢回味着米娅的话：是啊，明明知道自己想要什么，明明付出过努力，明明就只差这么一下了，为什么要放弃呢？这种恐惧真的无法克服吗？为什么卢卡叔叔可以，莎莎阿姨可以，多咪可以，嘀嘀嗒可以，我就不可以呢？"

卡拉塔的心里仿佛豁然打开了一扇大门，透亮透亮的。

"谢谢你，米娅，我现在有急事要去办，得马上走了。你们要幸福哦！"卡拉塔精神抖擞地向米娅挥手告别。

"啊，好，你也要加油哦！"

卡拉塔在一块礁石后面找到了正在休息的嘀嘀嗒："嘀嘀嗒，走，我要再试一次！"

"你要再试一次？"嘀嘀嗒的眼中流露出一阵惊喜。可就在这时，海里的轰隆声又开始了，一瞬间，整个海底都好像在地动山摇。

"算了，卡拉塔，我们该回家了！"嘀嘀嗒严肃地说道。

"不，我决定了！无论如何，我都要真正上一次岸。"卡拉塔异常坚决地说道

"好！"嘀嘀嗒看到重燃斗志的卡拉塔，忍不住给他一个大大的赞。

他们再次来到了海岸边，卡塔拉调整好呼吸，在脑海中认真回忆了一遍上岸之后应该保持的状态：用小孔呼吸，不要慌乱，疼痛感会过去的！

"加油，卡拉塔！"嘀嘀嗒大声地为卡拉塔打气。

卡拉塔终于勇敢地钻出水面，重新回到岸上迈出了艰难的一步。阳光虽然已没白天那样灼热，但是干燥的感觉还是凶猛袭来，周身的疼痛也蜂拥而至。

"不要慌，你别光想着那些不舒服的感觉，看看前方，青青

十二　又见艾登夫妇

的草地，翠绿的树枝，你可是踏在这片土地上的首批鱼类，是所有爬行动物甚至人类的祖先！"嘀嘀嗒用充满豪情壮志的语言，不断地鼓励着卡拉塔。

坚持住！坚持住！我可以的，我可以的！卡拉塔的心里不断地默念着。

终于，最艰难的时刻过去了，他渐渐适应了这种干燥的环境，爬过了沙滩，湿软的苔藓和草地让卡拉塔舒服了不少。

嘀嘀嗒爬过来高兴地搂着他："看吧，你做到了，其实没有这么难吧。"

"嗯，嘀嘀嗒，我，我对多咪说的话，是不是很过分？"卡拉塔有些支支吾吾。

嘀嘀嗒自然懂卡拉塔的心思："总归是要分别的，这样干脆也好。"

"我想去卢卡说的那条河流那里看看。"卡拉塔眨眨眼睛。

"好的。"

说是树林，其实更多的是灌木丛，虽然低矮却能很好地隐藏其中。

卢卡说的那条河流其实非常好找，顺着慢慢低陷的地势和哗啦啦的水声，卡拉塔很快找到了卢卡一家人。这里不只有卢卡一家，还有许多的提塔利克鱼，多咪正和另一条可爱的小鱼玩得起劲，卢卡和莎莎也与许多看起来志同道合的大鱼交谈着。

卡拉塔在灌木丛之外，感觉自己的内疚和自责正慢慢消散。

从海那边传来的轰鸣声再次响起。

"嘀嘀嗒，我们走吧！"卡拉塔闭上眼睛。

"咻——咻——咻——"嘀嘀嗒吹响了哨子。

回家的路上，卡拉塔闭上眼睛，享受着和煦的暖风。能用肺呼吸真好……，他想。

图书在版编目(CIP)数据

疯狂博物馆. 逃离火山眼 / 陈博君等著. — 杭州：
浙江大学出版社，2019.8
ISBN 978-7-308-19399-3

Ⅰ．①疯… Ⅱ．①陈… Ⅲ．①科学知识－青少年读物
Ⅳ．①Z228.2

中国版本图书馆CIP数据核字(2019)第158095号

疯狂博物馆——逃离火山眼

陈博君　陈卉缘　著

责任编辑	王雨吟	
责任校对	牟杨茜　杨利军	
绘　　画	许汉枭	
封面设计	杭州林智广告有限公司	
出版发行	浙江大学出版社	
	（杭州市天目山路148号　　邮政编码　310007）	
	（网址：http://www.zjupress.com）	
排　　版	杭州林智广告有限公司	
印　　刷	浙江省邮电印刷股份有限公司	
开　　本	710mm×1000mm　1/16	
印　　张	8.25	
字　　数	78千	
版 印 次	2019年8月第1版　2019年8月第1次印刷	
书　　号	ISBN 978-7-308-19399-3	
定　　价	33.00元	